中国传统
人生价值观导论

ZHONGGUO CHUANTONG
RENSHENG JIAZHIGUAN DAOLUN

主编◎韩益鹏　王红梅　杨芙容

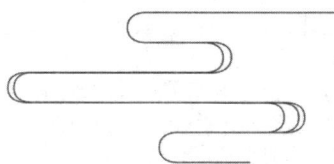

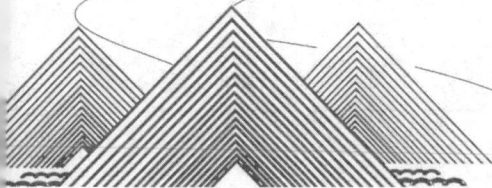

黑龙江教育出版社

图书在版编目（ＣＩＰ）数据

　　中国传统人生价值观导论 / 韩益鹏，王红梅，杨芙容主编. --
哈尔滨 : 黑龙江教育出版社，2017.12
　　ISBN 978-7-5316-9388-8

　　Ⅰ．①中… Ⅱ．①韩… ②王… ③杨… Ⅲ．①人生哲学－研
究－中国 Ⅳ．①B821

中国版本图书馆CIP数据核字(2017)第322036号

中国传统人生价值观导论

Zhongguo Chuantong Rensheng Jiazhiguan Daolun

韩益鹏　王红梅　杨芙容　主编

责任编辑	宋怡霏　杨云鹏	
封面设计	鲲　鹏	
责任校对	马　丽	
出版发行	黑龙江教育出版社	
	（哈尔滨市道里群力新区第六大道 1305 号）	
印　　刷	哈尔滨世纪金东印务有限公司	
开　　本	880 毫米 × 1230 毫米　1/32	
印　　张	9.5	
字　　数	200 千	
版　　次	2018 年 7 月第 1 版	
印　　次	2018 年 7 月第 1 次印刷	

书　　号	ISBN 978 - 7 - 5316 - 9388 - 8	定　　价	35.00 元

黑龙江教育出版社网址：www.hljep.com.cn
如有印装质量问题，影响阅读，请与印刷厂联系调换。联系电话:13936462757
如发现盗版图书，请向我社举报。举报电话:0451－82533087

内 容 摘 要

　　本书主要通过对中国传统人生价值观主流学派的基本内涵和理论特点的探讨,勾勒出了中国传统人生价值观理论嬗变的脉络。

　　自然主义人生价值观:先秦道家把人生价值的实现看作是一个效法自然的过程;魏晋玄学家的人生价值观以其畅性情之自然、重生命之长久、贵精神之自由、尚行为之放达的基本价值取向诠释了对"名教"反思后的一种自然论。道教和佛教的思想同样包含了自然主义人生价值观的意蕴。

　　道义论人生价值观:先秦儒家尽管重视人生价值的道德理性维度,但并不否定人生价值维度的多元性;汉儒董仲舒将人生价值置于封建纲常秩序标准之下,更加强调了道德理性与人生价值目标的一致性;宋明理学家提倡的纯粹道义论人生价值观抛弃了先秦儒家的理想主义色彩,将人生的价值归结为纯粹道德理性的单维;明末清初早期启蒙思想家以人性一元论为逻辑起点,还原了应有的重欲、尚利、贵私的人生价值取向,形成了多维度均衡的道义论人生价值观。

　　功利主义人生价值观:先秦墨家把"兴天下之利"作为人生追

求的最高价值目标,提出了兼爱、非攻等实现途径,构建了一个逻辑完整的利他主义人生价值观体系;先秦法家基于好利恶害的人性论,将自我功利实现和建功立业作为人生价值目标;南宋浙东事功学派利己与利他并举,呈现出既重视"人欲"又强调"事功"的功利主义人生价值观;中国近代维新派思想家反对封建纲常,提倡合理利己主义的求乐免苦人生价值观。

关键词:人生价值观,价值维度,嬗变,当代价值

前　　言

　　人生，是一个人生存、生活在世界的时间岁月。人生价值观是人生的导航，指引着人的发展方向。反思传统文化中的人生价值观对我们认识传统文化，进行文化建设，提高文化软实力具有重要的意义。

　　该书以时间演进为顺序，分别对自然主义人生价值观、道义论人生价值观、功力主义人生价值观等主流学派的人生价值观做了梳理与厘清，并通过纵向与横向的比较，勾勒出了中国传统人生价值观的理论嬗变脉络。该书的主要内容是：

　　自然主义人生价值观：先秦道家以自然无为的思想逻辑主线为切入点，把人生价值看作是一个效法自然的过程，他们提倡重身贵生、淡泊名利、不悦生恶死，消解束缚获得自由和快乐；魏晋玄学家的人生价值观以其畅性情之自然、重生命之长久、贵精神之自由、尚行为之放达的基本价值取向诠释了对"名教"反思后的一种自然论。道教和佛教部分思想同样具有自然主义人生价值观因素。

　　道义论人生价值观：先秦儒家尽管重视人生价值的道德理性维度，但并不否定人生价值维度的多元性；汉儒董仲舒将人生价值置于封建纲常秩序标准之下,更加强调了道德理性与人生价值目标的一致性;宋明理学家提倡的纯粹道义论人生价值观抛弃了先秦儒家的理想主义色彩,将人生的价值归结为纯粹的道德理性维度;明末清初早期启蒙思想家以人性一元论为逻辑起点,还原了应有的重欲、尚利、贵私的人生价值取向,形成了多维度均衡的道义论人生价值观。

功力主义人生价值观:先秦墨家把"兴天下之利"作为人生追求的最高价值目标,提出了兼爱、非攻等实现途径,构建了一个逻辑体系完整的利他主义人生价值观;先秦法家基于好利恶害的人性论,将自我功利实现和建功立业作为人生目标;《列子·杨朱篇》以极端纵欲的感性享乐为人生的终极目标,其人生价值观已然倒向了极端的利己主义;南宋浙东事功学派的功利主义人生价值观既重视"人欲"的合理性又强调事功的利他,利己与利他并举;中国近代维新派思想家反对封建纲常,提倡具有合理利己主义色彩的求乐免苦人生价值观。

具体编著分工:

韩益鹏:绪论、第二章、结论

王红梅:第三章

杨芙容:第四章

目　　录

1　绪论

　　当下我国正面临着由社会高速发展和转型而带来的思想观念的深刻变化。人们面临着新旧交织的人生困惑和迷茫。社会病症如看客心态、道德滑坡、信仰迷失、仇富心理等十分普遍,人们不得不对人生价值观进行反思与重构。从整个世界的视野来看,人们对物质的、技术的、功利的追求可以说在某种程度上成为主流,精神生活却往往被漠视。人生价值观关乎个人的安身立命和社会的和谐发展。当下我们"以科学态度对待传统文化""传承和弘扬中国传统文化的思想精华""对传统文化进行创造性转化、创新性发展"①是理论界应有的时代任务。"四个全面"战略、"五位一体"社会总布局的提出,使中国进入了一个新的社会历史发展时期。人们正在以自己的双手建设一个繁荣富强、文明民主的新社会,为人生价值的实现创造出更好的外在环境。习近平指出:"生活在我们伟大祖国和伟大时代的中国人民,共同享有人生出彩的机会,共同享有梦想成真的机会,共同享有同祖国和时代一起成长与进步的机会。有梦想,有机会,有奋斗,一切美好的东

---

　　①　《习近平总书记系列重要讲话读本》,学习出版社,人民出版社,2016,第202～203页。

西都能够创造出来。"①伴随"中国梦"和"社会主义核心价值观"的践行,人生价值观的话题再次成为当下的热点。

首先,有助于丰富和发展人生观和价值观的研究范畴,促成当代哲学的价值论转向。人生价值观问题的研究,就是要走出哲学的困境,进一步促成当代哲学的价值论转向。19世纪的哲学,实证主义大行其道,以致形而上学成为可疑,经验科学成为权威。这不仅使哲学日益失去了自己的研究对象,更重要的是实证主义的高涨,使价值和意义问题失落,排斥探问"整个人生有无意义"的问题。实证主义只研究事实,而对价值和意义或者忽略不见,或者根本就不去过问,人们在享受着经验科学所带来的物质繁荣的同时,却遭受着意义空虚的焦虑。由此便出现了"只见事实的科学造成了只见事实的人",人生到底有没有意义和价值,有什么样的意义和价值,现代实证科学无法为我们确定和说明。而人不仅是物化的动物,他还有精神的维度,需要价值和意义为支柱以安身立命。正是对这种困境的思考,促成了当代哲学的价值论转向。

其次,有利于明晰中国传统人生价值思想的文本理论研究,同时有助于推进中国传统人生价值观与社会主义核心价值体系的融入。在中国传统哲学中,先哲们对人生价值问题进行了深刻的思考,为人的行为设定一种意义,为人的存在提供一种终极关怀。当前我国正处于深刻的社会转型期,西方发达国家的文化观、价值观无孔不入,各种负面影响带来了人生意义的失落,传统

---

① 《习近平谈治国理政》,外文出版社,2015,第40页。

人生价值观被消解。单向度的物质追求导致了生活的世俗化,引发物质至上、重利轻义等社会问题。重构人生价值观是时代发展的迫切要求。源远流长的中华文化对现代人有潜移默化的作用,这也是我们重构人生价值观的立足点。从某种意义上说,树立科学的人生价值观也就是对传统人生价值观的现代重建过程。就目前中国社会而言,人生价值观问题已然成为重塑文化的关键。

认真梳理和总结中国传统人生价值观的生成和嬗变规律,能为社会主义和谐社会的构建提供有益的历史智慧和启迪。中国传统文化关于人生价值的思想,集中地体现了注重协调自我身心关系、个人与他人的关系、个人与社会的关系以及人与自然的关系等方面,而这些问题的处理其根本目标和原则,就是实现社会的全面和谐。所以,积极开发传统人生价值观的思想资源,并弘扬其有利于社会和谐的内容,具有重要的现实意义。其一,传统文化中的人生价值观,注重协调自我身心关系,这对于现代人格完善,提高全民族的人文精神素质具有重要的启示;其二,传统文化中的人生价值观,注重协调个人与他人的关系,这对于我们学会和谐友善地与人相处,建立普遍和谐的新型人际关系是极为有益的。中国传统文化提出了一系列旨在实现人际和谐的道德原则,把构建和睦、和平、和谐的人际关系与社会关系,作为君子人格修养的重要方面,作为社会协调的价值尺度;其三,传统文化中的人生价值观,注重协调个人与社会的关系,坚持整体利益至上,这对于正确处理个人利益与集体利益的关系,加强集体主义教育,进一步增强民族凝聚力具有积极意义;其四,传统文化中的人生价值观,注重协调人与自然的关系,强调"天人合一",这对于我们追求人与自然生态环境相沟通融合的新型发展模式,以实现物质文明在未来社会的可持续发展,具有重要的现实意义。

一、国内研究的现状

国内关于中国传统人生价值观的研究成果虽多但比较零散,尤其是专门系统研究中国传统人生价值观的研究成果较为少见,相关研究成果主要涉及以下内容:

(一)关于中国传统人生价值观的分类

张岱年的"十二种价值观"说:(1)春秋时代的立德、立功、立言三不朽说;(2)孔子"义以为上""仁者安仁"的道德至上论;(3)墨子崇尚公利的功用价值论;(4)孟子宣扬"天爵""良贵"的人生价值论;(5)道家"物无贵贱"的相对价值论;(6)《易传》与荀子关于价值标准的学说;(7)法家的道德无用论;(8)董仲舒"莫重于义"的价值观;(9)王充提倡"德力具足"的价值观;(10)宋明理学的价值观,宋明理学家继承孔孟学说,极力宣扬人生的价值和道德的价值;(11)王夫之"珍生务义"的价值论;(12)近代常以真美善并举。①

钟鉴认为,中国古代的幸福观(人生价值观)大致有七种类型。第一种是儒家道德事业型。它以道德的修养与践履,以成就治国平天下的事业为人生价值的最高追求。第二种是道家精神自得型。它以个人内心的平静愉悦为价值标准,既反对心为形

---

① 张岱年:《中国古典哲学的价值观》,《学术月刊》1985 年第 7 期。

役,也反对建功立业,只重视自我精神上的满足。第三种是道教长生逍遥型。它以长生不死、得道成仙为人生价值目标。第四类是佛教无生解脱型。它认为人生有苦无乐,只有断灭因缘,脱出轮回,证成涅槃,才能达到常、乐、我、净,获得最真的人生境界。第五类是玄学颓废派及时行乐型。它摒弃一切高层次的追求,只寻求感官刺激,以肉体欲望得到充分满足为人生最大价值。第六类是士大夫功名富贵型。它以升官发财,福寿双至,光宗耀祖,封妻荫子,留名后世为人生的最高追求。第七类是世俗温饱知足型。它以无祸为福,无愁为乐,满足于不饥不寒,得过且过,既不追求精神上高层次的目标,又不希求大富大贵,亦不恣情纵欲,安分守己,以尽天年。①

　　李霞认为,中国古代的人生价值观可分十种。一、儒家的道德使命主义人生价值观。这一人生价值观的特点是以有益于他人与社会为人生之意义,以道德修养为人生之内容,以实现修、齐、治、平的道德理想为人生之使命,以"至善"为人生之境界。二、佛教的出世主义人生价值观。佛教出世主义人生价值观的宗旨是求"真",它认为此岸为幻,彼岸为真;万法为幻,真如法性为真,出世修行的目的即在于由幻达真,到达与真如法性相融的涅槃解脱境界。三、道家的傲世主义人生价值观。这种人生价值观介于儒家积极入世与佛教的出世之间,它与现实总是保持一定距离,用一种审美的眼光来审视社会人生,追求一种婴孩般的纯朴之美、田园诗般的浪漫之美、山水画般的自然之美。四、墨家的利

---

① 牟钟鉴:《古代幸福观的几种类型》,《中国哲学史研究》1989 年第 1 期。

他主义人生价值观。墨家对自己主张节俭苦我，以极苦为乐；对他人却充满了爱心，他们极力倡导"兼爱"，力求推行真正的人类之爱。五、杨朱、巫马子等人为代表的利己主义人生价值观。六、以告子为代表的享乐主义人生价值观。这种人生价值观注重个人享乐，主要是感官享受和生理欲望的满足。七、法家的现实主义人生价值观。法家不似儒墨那般迂腐，也不像道家那样超脱，它奉行一种极其现实主义的人生原则。八、以宋明理学为代表的禁欲主义人生价值观。宋明理学家把封建道德原则视为"天理"，把人的欲望情感称为"人欲"，认为这两者势若水火，不可相容；做人的原则应是"存天理，灭人欲"；人生的境界应是"无欲"。九、以陈亮、叶适及近代启蒙思想家为代表的功利主义人生价值观。十、以方术道教为代表的重生主义人生价值观。

学界比较通用的划分方法还有，以人生价值与物质和精神关系为准则，概括为理性主义人生价值观，感性主义人生价值观，自然主义人生价值观，宗教人生价值观等。

(二)关于中国传统人生价值观地位、特征、理论贡献等方面的研究

冯友兰先生对中国传统人生价值观的基本内容给予了高度肯定，将儒家人生价值观地位核心化。他曾说过："中国哲学的特点就是发挥人学，着重讲人。"张岱年先生也说："中国哲学家所思所义，三分之二都是关于人生问题的。世界上关于人生哲学的思想，是以中国最富，其所触及的问题既多，其所达的境界亦深。"这是对中国哲学最为恰当的概括。中国传统哲学是围绕着人事、人

与人之间的关系而展开的,人生哲学是它最基本的内容。儒家的哲学理论在漫长的封建社会,一直被统治阶级所推崇,在中华传统文化中占有突出的地位,渗透并影响了秦汉以来中国社会生活的各个层面,从国家理念到政治制度,从道德意识到伦理规范,从社会心理到国民品性,支配着中国人的人生价值观。关于传统人生价值观的特征方面。余英时、朱贻庭等将中国传统人生价值观的特征概括如下:特征一,洋溢着中华民族自强不息、刚毅进取的积极进取精神。传统人生价值观无论是对人生意义、人生目标所抱有的积极认真负责的态度,或是对理想人格的不懈追求与建构的执着不渝的精神,都体现出了这一点。特征二,展现出中华民族强烈的整体主义观念。传统人生价值观强调整体,强调个人对家庭、国家和社会的从属关系,认为个体生命的意义和价值是通过其对家庭、国家、社会尽职尽责而体现出来的。特征三,体现了中华民族讲求克己奉公的献身意识。传统人生价值观十分强调对社会的责任,这种强烈的责任意识外化成一种对民族和民族文化兴灭继绝的感情和以社稷国家为重、以民生为怀的抱负。特征四,表现了中华民族重视精神、讲自律的内在超越性。著名哲学家梁漱溟认为"儒家孔门之学要在反躬修己",在传统人生哲学中,无论是自我认识还是生活选择,或是理想追求,都贯穿、渗透着儒家重精神、讲自律的价值取向,伦理道德扮演了须臾不可离开的"角色"。其所倡导的"求诸己""为仁为己""三省吾身""尽在其我"等,始终贯穿着讲自律、重视精神修养的内在超越性。关于传统人生价值观的理论成就与贡献。周德丰、杜运辉、陆信礼认为,从当代哲学的视角来反思,中国传统人生哲学至少有五个方面的理论贡献值得我们重视,其中"良贵""能群""贵己""齐物"的人生价值论则最为重要。陈来认为,"中国文化中的价值观念与其关于宇宙、世界的认识内在相应,世界观、人生观、价值观是贯通和一致的……其价值观是人与自然、人与人、文化与文化的共生和谐关系"①。

(三)关于价值观基本理论的研究

关于人生价值的定义:大体可归纳为五种:第一种,人生价值指一个人的一生对他人、社会所具有的意义和作用。将效用视为人生价值。第二种,人生价值就是作为客体的个人满足主体需要的属性,是特定的客体的为人属性与作为主体的人的需要的契合。将人生价值视为一种属性。第三种,人生价值就是作为主体的人的需要与作为客体的人生实践之间的一种肯定与否定关系。将人生价值视为一种关系。第四种,人生价值就是社会与自我的双向满足关系。第五种,人生价值存在于一个人对社会的贡献与他从社会索取的关系之中,在于其偿还从社会索取后的贡献。

关于人生价值的结构内容:很多专家和学者,如陈瑛、万俊人、陈法根等都对人生价值结构从多维度、多层面进行探讨,揭示了人生价值的复杂多样性。一方面,根据矛盾的对立统一方法进行分析,将人生价值结构进行如下划分:从主客体区分上分为自我价值与社会价值;从价值表现形态上分为物质价值与精神价值;从表现层次上分为内在价值与外在价值;从衡量标准上分为

---

① 陈来:《论中国文化的价值理念和世界意识》,《船山学刊学术月刊》2013 年第 7 期。

科学价值与道德价值(科学价值涉及个人的知识、能力,但不涉及人品,有量的差别;道德价值仅涉及人品,没有量的差别,仅有质的分野)。另一方面,使用系统分析方法,人生价值表现为纵横层面上。纵的方面,人生价值划分为历史价值,现实价值,未来价值;横的方面,依据人的多样的社会关系则构成一个更复杂的系统,如生产关系上表现为经济价值,在政治关系上则表现为政治价值,在伦理关系上则表现为道德价值。

(四)关于人生价值的评价与实现。

关于人生价值的评价:德荣、陈新民等从不同侧重点考虑,提出了各种见解。主要有:观点一,强调个人自觉意识。认为人生价值评价的标准实质上是客观需要转化为主观形式(即被意识到的需要),正确的评价须以自身合理需要的正确反映为依据,价值评价的尺度是客体满足主体的合理需要的程度。必须坚持和正确处理两种关系:一是自我评价与社会评价的关系;二是历史评价与现实评价的关系。观点二,强调社会关系的意义。这种观点认为,评价一个人的人生价值应把他的一生的言论、行动放到现实的社会关系中,即同他人、集体、社会的具体的社会关系中去考察。观点三,强调人生价值评价的差异性。认为评定人生价值之有无、大小只能以其对社会有无贡献和贡献大小来评定。观点四,全面统一的观点。有相当多学者认为评价人生价值应看其一生的表现。首先坚持实践与效果的统一;其次坚持个人对社会尽职尽责与他对社会所做贡献的统一;再次,坚持物质贡献与精神贡献的统一。

关于实现人生价值的具体途径:观点一,有人认为人生价值的实现必须具备主客观条件。客观条件指:社会的经济和科学条件,这是先决条件。社会政治条件与精神条件。主观条件指:树立为人类幸福而奋斗的人生理想和高尚道德情操。有顽强的毅力、坚韧不拔的意志,并能不断提高自身科学文化素质,充分发挥潜能。观点二,有学者指出,主观能动性的发挥在人生价值实现中至关重要。人们实现自己价值的前提条件是既定的,具有历史局限性。但通过实践却可以创造出不同的价值。人显示出各自本领高低,价值大小,这就由自身主观能动性的发挥是否正确以及发挥程度高低决定。还有学者提出人生价值实现也要树立竞争观念。人生价值的展现过程中也存在竞争,克服知足,争取进步,有紧迫感,以此形成内部驱动力。

二、国外研究现状

(一)关于人生价值的评价关于人生价值观类型分类的研究(类型的界定和分类的方法)

国外关于常见的人生价值观类型分类界定主要有:享乐主义人生价值观、禁欲主义人生价值观、理性主义人生价值观、感性主义人生价值观、人本主义人生价值观、基督教人生价值观、功利主义人生价值观等形态。这些通用的分类研究对我国传统人生价值观的分类研究有所启发。1926 年,Perry 就把人生价值观分为 6 类:认知的、道德的、经济的、政治的、审美的和宗教的;1928 年,德国哲学家 Spranger 出版《人的类型的研究》一书,同样对人生价值

观做出分类。1931 年,Allport. G. W & Vernon 出版了《一项价值
观的研究》一书,同样对人生价值观做出分类。Allport. G. W &
Vernon 将人生价值观分为经济的、理论的、审美的、社会性的、政
治的和宗教的 6 类并编制了"价值观研究"量表。其中经济型的
人具有务实的特点,对有用的东西感兴趣;理论型的人具有智慧,
以发现真理为主要追求目标;审美型的人追求世界的形式和谐,
以美的原则如对称、均衡、和谐等评价事物;社会性型的人尊重他
人的价值,利他和注重人文精神;政治型的人追求权力、影响和声
望;宗教型的人认为统一的价值高于一切,信神话或寻求天人合
一。"价值观研究量表"在 1960 年修订以后被广泛使用,成为六
七十年代在西方非常流行的人生价值观量表。Bond 采用价值观
量表研究中国人的人生价值观。他在台湾调查发现,中国人的价
值取向不同于日本人和美国人,中国人在理论、政治和信仰方面
的价值倾向相对高于社会、实用和审美方面。

早期以整个社会或文化为对象所做的有关价值取向的研究。
此方面研究多由人类学家所从事,他们大多采用访谈法或自然观
察法。1945 年以来,一些心理学家及受过心理学训练的人类学
家,开始设计比较标准化的问卷或量表,以便更广泛而有系统地
研究不同民族、国家、社会或团体的价值观。如,莫里斯(Morris)
经过在美国 2000 多名大学生中的测查,于 1948 年编制了"生活
方式问卷"。他是最早以问卷法研究中国人人生观的美国学者。
他的问卷被认为是由"超越文化界限的抽象哲学问题"构成的,代
表了 13 种人生观。莫里斯认为,这些测题从"对美好生活的想
法"的操作层面测量了人们"所喜欢"的概念。他在中国各省实测

了男女大学生 743 人,以研究当时中国学生对各种生活方式的好恶情况或人生观。所得资料经统计整理后,于 1956 年随同施测美、加、印、日及挪威等国大学生所得的结果,发表于《人类价值种种》一书中。此后,他的"生活方式问卷"为许多学者所沿用。

安藤(1965 年)利用莫里斯"生活方式问卷"对美国、中国、加拿大、日本、印度、菲律宾等国大学生的调查资料进行比较研究。这些国家大学生的价值取向可以分成 4 类:第一类,印度和菲律宾的大学生是以中庸、努力、克己型为主;第二类,美国大学生厌恶服务,在生活方面不拘泥于一种生活方式,力求丰富多彩;第三类,中国青年有服务的志向,有为自己的国家革新的愿望;第四类,挪威的青年把慈爱、同情他人放在首位,而日本青年在 1949年以慈爱为志向,到 1965 年转变成和美国青年一样,以多彩的生活为志向。三隅二不二等人(1964 年)也得出同样的结论。高木秀明和加藤隆胜(1983 年)对莫里斯的各个人生价值观测查项目进行了修改,编制了 16 个测查项目的价值观量表。他们的修订,引起了日本心理学家的广泛兴趣和高度评价。加藤等以奥尔波特编制的问卷对日本青年施测并和美国的研究对照后发现,美国和日本青年的人生观类型都有性别差异:在男生中,理论、经济、权力(政治)等类型较多;在女生中对审美(艺术)、社会、宗教等关心较多。两国青年在人生价值观类型上也有差异:美国青年学生宗教型较多,日本青年则社会型较多。

Rokeach(1973 年)的分类突破了上述分类的框架,他将人生价值观分为"行为方式"与"终极状态"两大类:终极性价值观(terminal values)和工具性价值观(instrumental values),每一类由

18 项价值信念组成。在 Rokeach 的基础上, Brith - waite 和 Law (1990 年)编制出了"目标和方式价值观调查表"。他们的划分不同于 Rokeach 之处在于测量了价值的绝对重要性而不是相对重要性,区分了社会目标和个人目标。Rokeach 以"价值观调查"量表对美国密西根州立大学 298 名大学生进行了实验调查研究,大多数学生都把"自由"排第一、二位;把"平等"排第 17 位。

以上关于人生价值观类型的划分,都是以人生目的、手段或标准来划分的,如在世界上广为人知的"生活方式问卷"和"价值观研究"量表都是从人生目标的角度对价值观进行划分的。而终极性价值观和工具性价值观则是将人生目的和人生手段作为区分人生价值观类型的一种分类。

(二)关于人生价值观形成和改变等方面人生价值观基础理论的研究

凯尔曼(Kelmon)曾对价值体系的形成有启发性的分析。他认为人生价值取向的形成要经过顺从、认同与内化 3 个阶段。人生观一旦形成,就表现出它所具有的稳定性和持续性的特点。说它有稳定性和持续性,并不意味它是不能改变的。由于个体周围环境的改变,以及个体内部欲求和目标的变化,人对事物的态度也在逐渐地、有时是急剧地发生变化。可能是人生观的强度增强或减弱,也可能是已有的人生观被新的人生观所代替。

比奇(Beach. R. P)和舍珀(Schoppo. A)利用"价值观调查量表"对青年人生价值观的现状与变化进行了研究。结果显示,他们在逐渐形成成就、思想开放、责任心、自尊的人生价值观,对家庭的安全、世界的和平极为重视,对习俗和权威的服从则有所减弱。费舍(Feather. N. T)使用同样的量表对澳大利亚的青年进行研究,也得到与比奇和舍珀研究相类似的结果。

加藤隆胜(1964年)等人使用问卷研究了人生价值观的形成条件。结果表明,人生价值观的形成并不是以某一事件为契机,而是以综合过去的经验为基础的。社会、政治的变故、家庭生活、书籍、讲演、电影等都深刻地影响着青年人生价值观的形成。

涂尔干认为人生价值观的形成要经过顺从、认同与内化三个阶段。因为客观环境的动态性,与之相关联的个体欲求也会随之改变,大学生人生价值观的树立在一个动态环境中会因客观影响而变化,同样呈现动态性,同时表现出稳定而持久。在生活中,他们很容易受到某一本书、某一个人、某一个文化符号的影响。甚至日常小事,都会给他的人生价值观造成一定程度上的加强或者减弱,更有甚者,原有的人生观被另一种意识完全替换,这些都影响着大学生人生价值观的形成。研究人生价值观的形成和改变的国外学者不多,而且其使用的理论并不是专门针对人生价值观的形成和改变的,因此,人生价值观的形成和改变机制的理论研究需要进一步的开展。

(三)国外汉学家对中国传统幸福观、身心观等专题人生价值方面的研究

关于中国传统幸福观的研究。德国汉学家鲍吾刚(贝尔·胡克斯)所著的《中国人的幸福观》(China and The Search for Happiness)着重探讨了中国思想史上的天堂观和乌托邦观念,分析了天

堂观和乌托邦思想在中国人寻找幸福之途中的历史意义。作者认为,中华民族从一开始就没有放弃对幸福的期望和追求,和西方一贯所认为的"中国一直都在向后看,他们的全部理想都是从过去中吸取的,他们对未来不感兴趣"的观点不同,作者认为中国也有着对现世与未来的憧憬,在传统儒释道思想以及现代西方思想的杂糅下,呈现出具有自己鲜明特色的天堂观、乌托邦思想和有关理想世界的观念。

关于身心观的研究。国外学者对儒家身心关系展开了深入研究,近代东方学者在身心关系的探讨方面以日本学者最先着手。汤浅泰雄的《身体:东洋的身体论》(东京:日文版1977)是较早的一部,还有《灵肉探微——神秘的东方身心观》(北京:中国友谊版,1990),他认为心的修行和转化是东方思想中最为独特之处。他认为东方身心观着重讨论:(通过修行)"身与心之间的关系将变得怎样"或者"身心关系将成为什么"等,与西方哲学的传统问题不同,西方是"身心之间的关系是什么","在东方经验上就假定一个通过身心修行可使身心关系产生变化,只有肯定这一假定,才能提问身心之间的关系是什么这一问题"。因而他认为"身心问题不是一个简单的理论推测,而是一个时间的生存经验的,涉及整个身心的问题。身心理论仅仅是对这种体验的一种反应而已。"汤浅泰雄从体验、实践来谈儒家身体观,可谓触及到了问题的要点,因为没有体验或实践就无法理解儒家那种性天相通的天人合一的境界给人身心所带来的影响。除汤浅泰雄外,日本对儒家身心关系研究较为突出的有池田知久,他的《马王堆汉墓帛书〈五行篇〉所见的身心问题》一文,可见其研究的功力之深,他认为身心关系应该提升至"对于这个世界，人如何获得主体性的问题"。

纵观目前对于人生价值观的研究现状，我们不难发现迄今为止还没有人对我国传统文化中的人生价值观做出过深入系统的研究。这一方面是因为中国传统文化实在是博大精深需要研究的东西很多很多，另一方面也有可能人们似乎觉得中国传统的人生价值观太过理性和压抑。这与现代的批判精神正好相悖，所以一味地去研究西方的人生价值观、幸福论、快乐论等理论，而忽视了对传统人生价值观的研究。本研究尝试从中国传统人生价值观的历史嬗变入手，展开分析特定时代背景下的人生价值观，这里既包含对特定历史阶段中的人生价值的内涵、实现途径、现实效果的分析，也包括特定历史阶段人生观的当代价值的分析与探讨。

该书利用历史与逻辑相统一的方法，深入历史考证主流学派人生价值观理论产生的合理性，同时注重共性问题的挖掘并将其上升到现代理性的高度进行深刻的反思。以全新的现代哲学和伦理学、政治学、经济学的方法重新解读，得出中国传统人生价值观嬗变的规律。

为了对我国传统人生价值观的主流学派都能有翔实、深入的了解和剖析，该书对相关原著进行研读与比照。该书以一个客观的视角，审视各家典籍，从传统人生价值观的切入点对其进行新的梳理，勾勒出了中国传统人生价值观嬗变的样态。

内容上，该书是一篇按中国传统主流学派历史演进次序对中国传统人生价值观进行系统梳理研究的论文。在彰显中国传统文化精华的同时,以马克思主义的视角挖掘中国传统文化的现代性及其当代价值。

方法上,该书利用历史与逻辑相统一的方法,深入历史考证各个时期人生价值观理论产生的合理性,同时注重共性问题的挖掘并将其上升到现代理性的高度进行深刻的反思。

2 自然主义人生价值观

本研究将自然主义人生价值观界定于广义的自然主义的范畴之内。将主张用自然原因或自然原理来解释人生价值与意义的先秦道家和魏晋玄学归为自然主义人生价值观,同时也将道教和佛教的部分思想也归为自然主义人生价值观之中。先秦道家认为,财富的多少和道德的高下并不能代表一个人是否真实现了人生的价值,而在于其所思所行是否合于"道",即自然。顺应自然之性,适时节度的生活,才是人生价值的体现,"谓之天乐"。老子曰:"天长地久,天地所以能长且久者,以其不自生,故能长生。中以圣人后其身而身先;外其身而身存。非以其无私邪? 故能成其私。"(《老子》第七章) 老子认为,以"道"处理人与自然、人与人、人与自身的各方面关系,才能保持天长地久,正所谓厚德载物,只有效法天地生养万物之德,发扬"后其身"的无私美德,便可以既保全天地之长久又能保全自身利益,可谓两全其美。在庄子看来,最高的价值在于理解和领会大自然,并与自然融为一体。魏晋时期为了适应封建门阀士族需要,嵇康、阮籍等人借探讨"名教"与"自然"的关系,提出了对人生意义的不同追问和主张。从不同程度上,尤其是嵇、阮主张"越名教而任自然"(《释私论》)其至"非汤、武而薄周、孔"(《与山巨源绝交书》),以自然感性的回归,放纵性情自然的满足为价值标准,其实质也是一种自然主义人生价值观。

2.1 先秦道家的人生价值观

在中国古代春秋时期之前,统治人们思想的是神权观念和政治宗法观念,人们还处在一种对社会及自我认识上的蒙昧状态。与以前不同,在春秋战国时期,随着生产力的发展,奴隶的反抗逃亡,导致了奴隶的初步觉醒和社会对奴隶的新认识,进而导致了人对自身本质的觉醒,人们开始从崇拜神灵的梦寐中觉醒过来,开始认识到人的力量。伴随着人的觉醒,许多进步思想家突破旧的天神观念,掀起了一股强大的以人为本的社会思潮。这种思潮的特点是十分重视人的价值和人的生活的改善与社会地位的提高。相应地,人生观问题、人生价值观等命题,就成为这些思想家们十分重视的探索内容。

春秋战国时代,作为旧的政治制度和政治思想最高原则和依据的周代礼制正在崩溃之中,体现天命意志的周代道德观念和道德规范已经不适合新情况的需要,阻碍了社会经济和政治变革发展的需要,传统的价值观念和新的价值观念激烈交锋,冲击人们的思想和改变人们的行为方式。人们的一切观念,世界观、人生观、价值观、道德观都在冲突中变革。旧秩序被破坏,新秩序尚未建立。于是,开明的政治家们,获得解放和自由讲学权利的士人们,都在思考这个令人迷惑的时代和社会,都在寻求一种能让人满意、使天下有道的救世方案。出身史官而又晚年隐退的老子及后世的庄子从对历史的反思和现实的冷静观察中，更加关切个体、生命、自由等这样一些最基本的价值观念，以独特的思维方式提出了与众不同乃至完全相反的救世学说和方案。

先秦道家代表人物老子和庄子处在"礼乐崩坏"的历史时期。为了能在动乱的时代安身立命，找到人生价值的真谛，老庄从道的高度提出了自然无为的人生价值观。这种自然无为在对待生命关怀上追求重身贵生；在理想人格塑造方面追求返璞归真的圣人（真人）境界；在社会治理上追求无为而治的小国寡民状态。基于自然无为的逻辑核心，先秦道家把追求人生价值看成是效法自然的进程。

2.1.1 返璞归真的理想人格

《易传》云："形乃谓之器，见乃谓之象。"又云："易者，象也。象也者，像也。"易理之本，始源于象；象又具有象征的文化功能，象在这里是神秘的、虚实的与变幻莫测的。其实，老子的"大音希声，大象无形"中的"大象"和意境说具有更深更直接的渊源关系。而大象和道是密切相关的。陈鼓应先生注"大象"为"大道"，同时他又给出了三种比较权威的注解：河上公注"'象'，道也"。成玄英疏"大象，犹大道之法象也"。林希逸注"大象者，无象之象也"。陈注和成注侧重于象和道的关系，林注侧重的是"象"本身的特征，他们在基本论述上并没有本质的差别，都道出了大象的本质特征。王振复先生对大象的论述就基本上综合了他们的观点："'大象'者，原朴之象，根本之象，无象之谓也，是先民关于'道'的一种体悟。""所谓'大象'，就是显不出某一具体的'形'而

含有很多'形'的全象。这个全象浑然一体,不可分开。"同时,王先生进一步指出"'大象'是自然、生命的混沌状态,即'惟恍惟惚'的原朴状态"。

其实,关于老子的"大象"或"大道",庄子有很形象的寓言来说明其特征和本质:"南海之帝为倏,北海之帝为忽,中央之帝为混沌。倏与忽时相与遇于混沌之地,混沌待之甚善。倏与忽谋报混沌之德,曰:'人皆有七窍,以视听食息,此独无有,尝试凿之。'日凿一窍,七日而混沌死"。

从个体维度上讲,无论是崇尚道义理性的满足,还是追求物质感性的刺激,个体的人都必须建构一个自我认同的价值评判标准。这种标准物化成具体的形象就是所谓的理想人格。老子和庄子依循自然无为的逻辑主线,反对儒家道德教化对人自然之性的扭曲和异化,继而提出了复归于自然的理想人格。先秦道家视朴素为道德的原初状态或理想状态,认为道德的本质或内在规定性即是朴实无华,真诚无妄。老子认为,现存的一切仁义道德都是背离大道的产物,而真正的道德应该是无知、无欲、无私、无为和柔弱不争的上德。老子说:"绝圣弃智,民利百倍;绝仁弃义,民复孝慈;绝巧弃利,盗贼无有。"(《老子》十九章)老子认为世间的圣智、仁义、巧利这三者全是人为和巧饰的东西,用它们来治理天下只会使天下越治越乱,造成人们的淫乱和困惑,使社会陷入功利主义和虚伪主义的泥潭。有鉴于此,老子主张弃绝世俗的功名利禄和人为的伦理道德,使人类的心智复归到朴素自然、纯洁无瑕的状态,从而达到"圣人"的理想人格境界。

在老子看来,"圣人"是回归到原初状态的人,即返璞归真之人。老子把这种理想的人格境界称为赤子境界。老子认为,"含德之厚,比于赤子"(《老子》五十五章),赤子无知无欲,精足心和,纯然天真,纯洁无瑕,质朴清纯,未受人世情欲污染,他天真自然,"常德不离"。老子也把这种赤子境界,看作是世人摆脱苦难纠缠、求得内心宁静的最佳出路。庄子理想人格理论与老子理想人格理论虽有某些不同,但在基本精神上是一致的,并且有所发展。庄子把听任本性自由发展的人称之为"真人"。"古之真人,不知悦生,不知恶死。其出不䜣,其入不距。翛然而往、翛然而来而已矣。不忘其所始,不求其所终。受而喜之,忘而复之。是之谓不以心捐道,不以人助天,是之谓真人。"(《庄子·大宗师》)庄子的"真人"是"独与天地精神往来,而不傲倪于万物,不谴是非,以与世俗处"(《庄子·天下》)的得道者,同时也是"乘云气,骑日月,而游乎四海之内"(《庄子·齐物论》)的"圣人"。总之,老庄理想人格的内在意蕴和本质特征是质朴纯真、自然无为,是包容宽厚、豁达超然。

道家崇尚自然,其人生哲学更是一种自然主义哲学,因而其理想人格首要表现在能顺应自然,保持真朴的自然本性。老子说:"道常无为而无不为","自然"是道家之道的最高原则和根本内涵,圣人"以辅万物之自然而不敢为",真人"法天贵真,不拘于俗"都体现了道家理想人格"返其真"与道为一,回归自然,感悟人生真实存在的境界与追求,道家反对儒家以礼乐束缚人性,主张不为世俗所困,做人要"任其性命之情",不矫饰虚伪。老子用"婴儿"做比喻,来说明人生追求的最高目标应是纯真自然的生活。他认为,婴儿无知无欲,朴实无华,没有任何欲望,不受任何礼教

束缚,但他却拥有无限的发展潜力。因此,老子认为人们必须抛除浮华、自私、多欲的世俗社会的虚假之德,努力保持"见素抱朴,少私寡欲"的自然真性,通过"涤除玄鉴"的方法,使心灵进入"致虚极,守静笃"的境界,从整体上体认"道"。庄子认为"不以心捐道,不以人助天,是之谓真人","真人"同样具有尘埃不染,自然真实的特性。庄子认为,人性的本义就是自然朴素而不受掩饰和干预。与其他任何事物一样,人不过是自然天道借以表现自己,发展自己的材料而已,因上而知,自然朴素的特质是道家理想人格构成中的最重要,最基本的要素之一"。

庄子所塑造的"真人""至人""神人""圣人""德人"等人物皆超凡脱俗,远离现实,摆脱了世俗的羁绊,他们都"茫然徘徊乎尘垢之外","不食五谷""吸风饮露",超越世俗;他们摆脱了感官的诱惑,远离声色,达到"喜哀乐不入于胸次","忘其肝胆,遗其耳目"超越物欲,他们"独与天地精神往来,而不傲倪于万物",超越自我,逍遥是超越了世俗,超越了生死,超越了是非物我界限之后所获得的无往而不适的绝对的精神自由,达到"真人"境界的人不求知却知天下,且能超越功名利禄、生死祸福的束缚,达到"乘云气,御飞龙,而游乎于四海之外"的逍遥境界。因此,超越逍遥是道家理想人格的又一特征。

2.1.2　小国寡民的理想社会

在社会历史观方面,《老子》一书是中国历史上最早批判剥削制度的古代典籍。作为史官的老子对当时的统治阶级和贵族们的政治内幕是十分熟悉的。他看到的是,一方面奴隶主贵族过着荒淫无耻的豪华生活,互相欺骗、掠夺、发动战争;另一方面人民则长年受饥寒,生活朝不保夕。老子明确指出人民生活中的灾难是由于统治者的过分剥削造成的。所以他说:"民之饥,以其上食税之多,是以饥;民之难治,以其上之有为,是以难治。民之轻死,以其上求生之厚,是以轻死。"(《老子》七十五章)并特别指出,生产上的灾荒是由于统治者吞食赋税过多的结果。老子对当时的统治者不顾人民死活,过着越来越奢侈的生活,也提出了尖锐的批判。"朝甚除,田甚芜,仓甚虚;服文采,带利剑,厌饮食,财货有馀,是谓盗夸,非道也哉!"(《老子》五十三章)是说朝廷腐败,土地荒芜,仓库空虚,而统治者穿着文采的衣服,佩带着锋利的宝剑,饱吃精美的饮食,占有多余的财富,这叫盗魁,是违反"道"的。所以,在老子看来,正是由于贵族们贪得无厌,才使人民生活困苦,社会秩序混乱的。因此,老子设计了一幅理想的社会蓝图:"小国寡民,使有什伯之器而不用,使民重死而不远徙,虽有舟舆无所乘之,虽有甲兵无所陈之。使民复结绳而用之,甘其食,美其服,安其居,乐其俗;邻国相望,鸡犬之声相闻,民至老死不相往来。"(《老子》八十章)这给老子带来了许多是非,竟由此而获得"复古倒退"之名。有些学者认为"这是一种反动思想",寓意"国家要小,人民要少",并且"非常显然,这是主张回到原始社会";"这种学说,要想把一切交通利器、守卫的甲兵、代人工的机械、行远传久的文字等制度文物,全行毁除。要使人类依旧回到那无知无欲、老死不相往来的乌托邦"。然而笔者则认为这是老子对现实社会极度不满,尤其对统治者的暴政深恶痛绝,对人民却充满着无限同情。而且这与老子生活的社会背景有关,老子处于春秋

末世,礼崩乐坏,兵连祸结,人民生活痛苦不堪,整个社会处于大震荡、大变革时期,所谓礼乐天命思想已经无法约束当时的社会,各个阶层的社会地位变幻无常。这些现象必然引发人们对自然、社会的深层思考,老子的哲学萌芽也随之破土而出。为挽救周末衰世,复归社会安宁,老子力主"见素抱朴"(《老子》十九章),"道法自然"(《老子》二十五章),期望能给贪得无厌的统治者开上一剂镇定的药方。他追求一个使民安居乐业,和平宁静的社会环境。他反对日益扩大的诸侯兼并战争,因而有小国寡民之说,这是对未来的理想。任何理想都带有对历史的追忆,对现实的批判,决不能理解为开倒车。从表面上看,这似乎是历史的倒退,消极的回归。这样的社会是否真是反动落后的?抑或是怎样的社会?我们需要进行一番仔细的分析。"国"指诸侯封区,是"天子"领导的"天下"的第一级行政区划。在诸侯林立的当时,"国"无疑"小","民"无疑"少"。老子认为这个现状,无须扩大或缩小,重要的是如何使社会安定。这反映了在动荡的现实下人心思定的社会趋势。着眼于这个趋势也是《老子》取法"天道"自然的"道论"社会政治方案之出发点和归宿。要明确的是,不能把老子的"国"理解为现在一般意义上的"国",也不能把"小国寡民"四字作为"小国寡民"这段话的总纲,更不能把"小国寡民"理解为老子主张分裂。他主张的社会是:必须在"道"的统一下,"天下"如同"道"一样博大浑然,治理者必须是得"道"者,治理方法必须顺乎"道"之自然。也就是说,老子是从理论思维得出关于社会设计的,整个"天下"是同质不同表,是多元化和同质化的统一。而且在老子的辩证哲学中,没有绝对的"大"和"小",领悟"道"也必然要因循"道"的规律。因此，判定一个国家真正的大小，决定一个国家的存亡强弱，是一个国家的凝聚力和整体实力，以老子的治国思想来看，即在于统治者能否顺应民心，无为而治。"使有什伯之器而不用，使民重死而不远徙"是说在老子的理想社会中，人们的生活朴素自然，简单的工具即可满足一切需要，无须成倍地提高劳动效率，"什伯之器"也就派不上用场了，在这种小农社会里，人们生活自给自足，各安其乐，不必为求生计或因战争灾难而流离奔波，使百姓重视生命而避免流动。说明社会没有战争的条件和纷争，百姓不会颠沛流离、背井离乡，而是安居乐业。也就是没有为满足利益和欲望的争斗，以至没有人性中一切假、恶、丑的东西。"虽有舟舆无所乘之，虽有甲兵无所陈之"是说虽然有车船而不用于乘坐，虽然有甲兵而不用于战阵。说明了舟车甲兵是用来渔猎生产和生活的，而不是用来战争的。也就是没有阶级，没有剥削和压迫。"使人复而结绳用之"，是说回到犹如"结绳而用之"的时代一样，用结绳的方法来记事，归于真朴，而并非是指不要一切文化。"甘其食，美其服，安其居，乐其俗"是说人们无过高的生活欲求，以其饮食为甘，以其服饰为美，以其居处为安，以其习俗为乐。说明社会成员能按照顺其自然养成的风俗习惯来生活，安逸、祥和、稳定，也就没有差别等级，是大平等、大平均。"邻国相望，鸡犬之声相闻，民至老死不相往来。"是说邻近的城邑可以互相望见，鸡鸣犬吠之声可以相互听到，彼此不相干涉，自然也就没有矛盾。人民到老死都不相往来，说明社会群体互不来往，相安无事，更不干扰和侵犯，直至终了。通过以上疏释我们看到，在老子构想的"小国寡民"的社会里，国土狭小，人民稀少；虽然有

各种各样的先进器具,却并不使用;人们爱惜自己的生命,不轻易冒险向远处迁徙;人们不出远门,虽有车辆和船只等便利的交通工具,却没有必要去乘坐;人与人之间没有争斗,国与国之间没有战争,所以虽有兵器铠甲等暴力用具,却派不上用场;人们的生活简单淳朴,不需要高深的文化知识,仅用祖先们用过的结绳记事的原始方法就够了;人们有甘美的饮食,美观的衣服,安适的居所,欢乐的习俗;邻国之间可以看得见,连鸡鸣犬吠之声都可以互相听得见,但人们彼此间互不干扰,相安无事,直到老死也不相往来。这简直是一首和谐美妙的田园诗,一个充满和平与欢乐的桃花源。总之,老子"小国寡民"的社会构想并不是一种复古、倒退的社会历史观,他也并没有要求放弃社会的文明技术,他只是一个时代的呐喊者,企图以自己的微薄之力唤醒千古沉睡之士。然而,因现实社会条件的限制,他所设计的"小国寡民"的社会蓝图,只能是一个世外桃源般的憧憬。

回归人的本质,"人的本质并不是单个人所固有的抽象物。在其现实性上,它是一切社会关系的总和"①。因此,我们探讨人生价值就不能脱离社会维度。先秦道家主张无为而治,在国家的治理上提倡"不尚贤""不贵难得之货"(《老子》三章),即确立不以名利为荣而以和谐为上的价值观念,引导人们"为而不争"(《老子》八十一章)、"功成身退"(《老子》九章),摆脱名利的束缚,过一种安居乐业的生活。老子认为名位引起人们的争逐,财货引起人们的贪婪,这会使社会纷争四起、国家动乱不已。在老

---

① 马克思,恩格斯:《马克思恩格斯选集》第1卷,人民出版社,1972,第18页。

子看来,只有不"尚贤",才能"使民不争";"不贵难得之货",才能"使民不为盗"(《老子》三章)。也只有这样,社会才能安定,人民才"不为物役"。庄子也认为,"至德之世,不尚贤,不使能"(《庄子·天地》),即至德的时代,不标榜贤人,不任用能人,而天下大治。为了使百姓过上宁静的生活,必须引导人们"绝圣弃智""攘弃仁义"。(《庄子·胠箧》)

在老子看来,无为而治的最佳社会形式就是"小国寡民"。国小到"邻国相望,鸡犬之声相闻"如邻里;民少到"使有什伯之器而不用";"虽有舟舆无所乘之,虽有甲兵无所陈之"是讲无须用兵;"使民重死而不远徙","使民复结绳而用之",是讲人与人之间的关系,已经简化到了极点,无须斗智。"甘其食,美其服,安其居,乐其俗"(《老子》八十章)的怡然自乐的社会生活就是完全回归自然状态的真实写照。庄子心目中的理想社会则是所谓的"至德之世"及"建德之国"。他描绘到:"彼民有常性,织而衣,耕而食,是谓同德;一而不党,命曰天放……夫至德之世,同与禽兽居,族与万物并,恶乎知君子小人哉同乎无知,其德不离;同乎无欲,是谓素朴;素朴而民性得失。"(《庄子·马蹄》)"建德之国""其民愚而朴,少私而寡欲知作而不知藏,与而不求其报不知义之所适,不知礼之所将猖狂妄行,乃蹈乎大方;其生可乐,其死可葬"。(《庄子·山木》)庄子的"至德之世"及"建德之国"所强调的是一种顺应自然本性的自由境界的生存方式。而这种看似回归原始的社会状态,恰恰可以使人在动乱时代安顿自我,使人摆脱樊笼,恢复自由的本性。这与老子"小国寡民"的理想社会构想是完全一致的。

老庄的这种人生价值的社会维度主张并不是一种历史的简单倒退,而是一种面对黑暗生活无力抗争的一种美好的企盼与想象。"小国寡民""至德之世"是一种看似原始社会,而实际属于否定了礼仪社会后的更文明、更和谐、更幸福的社会形式。在这样的理想社会中,社会秩序无须国家暴力机器来维持,没有阶级剥削,没有等级压迫,没有重赋逼迫,没有兵战祸难。人们甘食美服、安居乐业,一切依顺自然。这种世外桃源是先秦道家所追求的理想社会形式,它充满了乌托邦的理想色彩。这一思想在1974年得到了美国当代著名哲学家、伦理学家诺齐克(Robert Nozick)的再次发展,他在《无政府、国家与乌托邦》中提出的"最小国"①与"小国寡民"社会有着很多的相似之处。

2.1.3　崇尚自由

先秦道家十分崇尚自由,认为自由的价值大于名利富贵。"泽雉,十步一啄,百步一饮,不蕲于樊中",(《庄子·养生主》)获得自由就必须做到"辅万物之自然而不敢为"。(《老子》六十四章)不敢为是指人要获得自由,就必须遵守自然规律,而不是干涉它,违背他。真正的自由是"无待""无己"的自然状态。"无己"即"至人无己;神人无功;圣人无名。"(《庄子·逍遥游》)具体地说就是要不受外界的条件制约(无待),不受自己精神和肉体的限制和束缚(无己),与道一体,顺应自然的境界。

其一,重身贵生,不为物役。先秦道家认为,生命是自然的一

---

① 诺齐克著,何怀宏等译:《无政府、国家与乌托邦》,中国社会科学出版社,1991。

部分,是大自然的恩馈,是"道"与"德"的化育产物,所以生命是最弥足珍贵的。老子倡导人生在世应爱惜身体,重视生命,不要过分追求名利。"道大,天大,地大,人亦大。域中有四大,而人居其一焉。"(《老子》二十五章)人的生命是伟大的,追求名利是为了人的生命,为了名利而害生、丧生,那就是舍本逐末了。老子说:"金玉满堂,莫之能守;富贵而骄,自遗其咎。"(《老子》九章)老子认为外物是不真实,也是不确定的,为外物而"守"而"骄"对人的自身是有害的。庄子慨叹到:"夫富者,苦身疾作,多积财而不得尽用,其为形也亦外矣! 夫贵者,夜以继日,思虑善否,其为形也亦疏矣!"(《庄子·至乐》)因求利求富求名求贵而劳苦身体,却不能为自身尽数享用,这是何苦呢? 庄子对"以物易性"的人生价值取向提出了严厉的批评。在他看来,"小人则以身殉利,士则以身殉名,大夫则以身殉家,圣人则以身殉天下"。(《庄子·骈拇》)。这种以身殉物,为追求各自目标而不惜牺牲性命的做法是极不可取的,违背了"道法自然"的"常德"。诚如老子所说:"名与身孰亲? 身与货孰多? 得与亡孰病? 甚爱必大费,多藏必厚亡。"(《老子》四十四章)名利不是人生的目的,生命的目的应是效法天地自然之道,循依本性而生活。先秦道家早已经认识到了人是目的而不是手段。老子主张无知、无欲、无私、无为,回归自然,获得自由。在他看来自由是以自在作为前提的,不要徒增外在条件,否则就失去了自然的本心,就会适得其反。在庄子看来,外物与我毫不相干,只有"贵在于我而不失于变"(《庄子·田子方》),才能不殉外物。庄子主张变"为物所役"为"物物而不物于物"(《庄子·山木》),主宰外物而不被外物所主宰。庄子的人

生快乐必须是自由的,而真正的自由是一切条件都不需要依靠,一切限制都没有,在无穷的天地之间自由地行动,这就是"无待",只有无所待以游无穷者,才是真正的逍遥游。

其二,淡泊名利,宠辱不惊。庄子对世俗之人以功名利禄为人生的快乐大惑不解。他说:"今俗之所为与其所乐,吾又未知乐之果乐耶?果不乐耶?吾观夫俗之所乐,举群趣者,詻然如将不得已,而皆曰乐者,吾未之乐耶,亦未知不乐也。果有乐无有哉?吾以无为诚乐矣。"(《庄子·至乐》)由此可以看出,庄子对名利能不能真的给人带来快乐充满了怀疑,甚至否定。在老子看来,世俗之人之所以宠辱皆惊,失去内心的和谐幸福,是由于名利之心太重,过分计较外在评价。"宠辱若惊,贵大患若身……得之若惊,失之若惊"(《老子》十三章),宠辱若惊表现了世俗之人失去了自我所产生的蒙昧主义或盲从主义行径。由于缺乏内在的人格和自我价值评判的标准导致宠辱皆惊。通过淡泊之心境,使"自在之物"化为"为我之物"。自在之物就是客观存在之物,为我之物就是能够实现个体自身目的之物。人以什么样的方式对待"物",这是关系人的存在的极为重要的问题。"人通过自己的活动按照对自己有用的方式来改变自然物质的形态",并"在自然物中实现自己的目的"①。"只有物按人的方式同人发生关系时,我才能在实践上按人的方式同物发生关系。"使物"按人的方式同人发生关系"②就是人对物的主动支配,是物性对人性的趋近,从而使其从"自在之物"转化为"为我之物",人才能"按人的方式同

① 《马克思恩格斯全集》第23卷,人民出版社,1972,第87页。
② 《马克思恩格斯全集》第42卷,人民出版社,1979,第124页。

物发生关系"。名利本是自在之物,名利的合理化对人的发展是一种促进,过度的名利欲望却是人的发展的一种阻碍。合理化地处置名利,自然就能超然物外。

其三,不悦生而恶死。先秦道家尽管提倡重身贵生,但亦将人生的生与死看成是一种自然规律。先秦道家从容面对死亡,毫无畏惧。老子说:"飘风不终朝,骤雨不终日。孰为此者? 天地。天地尚不能久,而况于人乎?"(《老子》二十三章)珍爱生命是道法自然的产物,欣然地面对死亡也是道法自然的应有之义。人是自然界的一部分,生生死死都要服从自然界本身的法则。先秦道家认为,人的生命并不归自己所有,不过是天地所委托的形体而已。"气变而有形,形变而有生,今又变而之死,是相与为春秋冬夏四时行也。"(《庄子·至乐》)既然人的生命不属于自己,死亡也不属于自己,一切只是天地间气的运动,我们完全没必要也不应该悦生而恶死。我们应该学习真人"不知悦生,不知恶死"。(《庄子·大宗师》)在庄子看来,人生的最大困扰来自于人悦生而恶死的心理意向。这是人生自我设置的枷锁,是人生观的最大谬误。只有冲破悦生而恶死的观念,才能使人生走上澄明的坦途大道。庄子说:"明乎坦涂,故生而不悦,死而不祸,知终始之不可故也。"(《庄子·秋水》)明白了死生是人所行走的坦途,所以就不会因为活着而高兴,也不会把死亡视为灾祸。生命与死亡都是自然造化赋予人的馈赠,我们不仅赞美珍爱生命,而且也要超然地去赞美死亡。"故善吾生者,乃所以善吾死也。"(《庄子·大宗师》)这样先秦道家就完全地摆脱了外在的一切束缚,达到了绝对的精神自由境界。

2.1.4 合理利用自然资源

在顺应自然循环法则和维护天地万物本身的和谐秩序的前提下利用自然资源,有一个自然界承受的客观极限和人类开发的适度原则。在这个重要的环境问题上,道家也根据自己独特的直观经验,提出了与现今人类生态学一致的关于自然界存在着极限的朴素思想。老子认为,道是和谐的,它不追求过分的完满,不发展到极端的过头地步,天地万物也效法道的这一性质才能变故迎新,实现新旧循环。"保此道者不欲盈,夫唯不盈,故能敝而新成。"(《老子》十五章)"不盈"即是控制过极失当,而要做到"不盈",就不能超过事物自身存在的限度,懂得对超过事物限度有可能破坏自然循环的行为进行一定的限制甚至禁止。道家认为自然界存在着自身的极限,因而人类在开发和利用自然资源时不能超过自然界的固有限度,必须建立一个合理的适度发展原则,用来防止人类因超越自然极限而对自己生存和发展带来严重威胁,这是一个极其深刻的思想。可以毫不夸张地说,1972年罗马俱乐部在《增长的极限》中提出的地球自然系统存在着极限,人类的经济增长不能超越自然极限的思想,是当代人类面临生态危机的严峻情势下,利用现代科学技术对道家的这一思想的重新发现。虽然后者的科学性要比前者严谨得多,但其思想实质却有惊人的相似和高度的一致。而且人们发现,自然界对人类制约的极限不只是当初罗马俱乐部提出的三个方面:人口极限,粮食生产的极限,资源耗竭和环境污染的极限,它是多方面的,甚至可以说极限无处不在。例如,无辐射威胁的光照,适宜的温度,充足的饮用水,不过分拥挤的空间,不出现大范围的致死性瘟疫,地球生态系统的动态平衡等生存因素,其中每一个都构成一种极限,人类不得随意突破任何一种极限,否则就会给人类的生存带来严重的灾难。"我们应该把人类良好生存所必需的每一种条件,看作是维系人类良好生存必不可少的一条维度,人类实际生存在多维度交叉协调的最适点上。我们还应该把所有维度的组合看成是一个大木桶,每一条维度是木桶的一块木板,由于木桶的容量由最短的那一块木板决定,因此任何一条维度质量的下降(如水质变坏),都会使人类生存质量整体水平下降;任何一条维度的短缺,都意味着人类生存条件的短缺;任何一条维度的丧失,都意味着人类整个生存条件的丧失。"人类生存极限的这种"桶板效应"是非常复杂的,人类要维护好作为生存条件的每一块十分容易破损的"桶板",至少必须同时注意做好两方面的事情:其一,必须遵循生态系统在循环过程中实现动态平衡和自我调节的规律,合理地开发和利用自然资源,而不应以损坏和丧失某一必不可少的生存维度为代价换取眼前过度的经济增长。其二,人类必须对自己不断膨胀的物质欲望进行合理调整。否则,即使到了知止的时刻,人们也还是受强烈的物质欲望的引诱而不能自禁,就像今天发达国家的人们追求高消费的病态时尚那样。这势必会超越自然生态系统的极限,给人类和地球上所有生命的生存带来严重灾难。在这一方面,道家的"知足不辱"思想同样能够给予现代社会以重大的启示和借鉴。

道家认为,对物质享受的知足并且加以合理地节制,应该建立在人的正常而且自然的生理需要的基础之上。"鹪巢于深林,不过一枝;堰鼠饮河,不过满腹。"(《庄子·逍遥游》)人也应该按照生命的自然需要来利用万物,"量腹而食,度形而衣","食足以接气,衣足以盖形,适情不求余"。(《淮南子·精神训》)只要能够满足自己健康生存的基本物质需要,就不应该去贪求过多的物质财富。因此,道家提倡"少私寡欲",淡泊财富和节制有害的物质欲望。道家的这种看法是有一定道理的,不仅历史上的封建帝王因过度纵欲的物质生活导致他们早衰和短命,就是在现代社会,尤其是在发达国家,不少人因摄食含热量过多的食物,豪饮大量富含酒精的饮料,甚至吸食毒品,这些病态的物质生活方式导致这些人出现了肥胖病,高血压,心肌梗死等多种"富贵病"或"文明病"。同时,这种大量耗费物质资源的生活方式,又加剧了环境的污染,诱发了许多公害病,如大气污染使人产生哮喘病,水体污染产生水误病,环境污染还引发各种复杂的癌症,更为严重的是人类对物质资源的掠夺性开发还威胁到所有生命赖以生存的地球家园的健康和安全。

道家的"知足不辱""知足常乐"的思想,与现代文明的发展趋势是非常合辙的,它的一些思想还得到了许多著名学者的赞同和社会的认可。著名历史学家汤因比则一针见血地指出:"现代人的贪婪将会把珍贵的资源消耗殆尽,从而剥夺了后代人的生存权。而且贪欲本身就是一个罪恶。它是隐藏于人性内部的动物性的一面。不过,人类身为动物且高于动物,若一味沉溺于贪婪,就失掉了做人的尊严。因此,人类如果要治理污染,继续生存,那就不但不应刺激贪欲,还要抑制贪欲。"因此,"要阻止消费社会的列车继续开足马力拉着整个地球朝着毁灭的方向狂奔,就必须彻底背离近几百年来才发展起来的消费主义的价值观和生活方式，返回到扎根于人类具有数千年宝贵传统的世界各大传统文化和宗教的知足哲学，重新听从这种哲学的古老教诲。这其中就包括中国道家的知足常乐的教导"。

总之，先秦道家认为，万物的本然状态是最好的状态，能顺其自然之性则合乎道，合乎道才能实现人生的最大价值。诚然，先秦道家人生价值观在理论上作为特定历史时期的思想，不可避免地有着历史的局限性和理论缺失。先秦道家对人生价值的追求更多的是寄托于意志自由，"但意志和自由都受着多维限定，纯粹的意志自由只是一种理论童话"①。身处社会动荡时代的老庄只能以追求个人精神自由为人生价值目标聊以自慰。

2.2　魏晋玄学家的人生价值观

魏晋在其二百年的时间跨度中，连年处于战乱、分裂和社会动荡之中。从东汉末年开始，随着统治阶层的腐朽败坏以及长期以来积累的社会矛盾的日益尖锐和激化，士族阶层与宦官、外戚的争权夺利更加激烈，农民起义频繁发生，郡守和州牧等地方军事集团割据一方，再加上地震、水旱、冰雹、蝗虫等自然灾害，以及饥荒和瘟疫的接连不断，百姓处于水深火热的悲惨境地中。原本富庶繁荣的地带"名都空而不居，百里绝而无民者，不可胜数"，"强者四散，赢者相食，二三年间，关中无复人迹"，"百姓死亡，暴骨如莽"。

---

① 柴文华：《中国非儒伦理文化》，黑龙江科学技术出版社，2002，第101页。

魏晋玄学名声不佳,"清谈误国"是其身后一千多年封建学术评价的主调。新文化运动以来,玄学的研究才随整个传统国学,纳入了科学分析的轨道。自汉以降,就儒学本身而言在其经学化的过程中,以谶纬迷信附会儒家经典,日见其烦琐荒诞,甚至成了"今文经学迅速政治化、庸俗化并和汉代神学迷信相结合的怪胎"①。这样的怪胎不仅没有使人在纲常名教秩序下安于异化的幸福状态,反而加剧了人的困惑,遂为士人所抛弃。魏晋士人对传统价值标准和信仰追求由怀疑而否定,从而必然会重新思考纲常名教的意义,追问人生价值。这实际上标志着一种人的自我觉醒,即在怀疑和否定旧有传统标准和信仰价值的条件下,人们对自己生命意义、人生幸福等自我价值的重新发现、思索、肯定和追求。原有的人生价值准则被否定之后,就必须重构一种准则作为其生命的支撑点,否则人生就会变得毫无意义。玄学承汉末名教之弊而起,其人生价值观的基本取向为:畅性情之自然、重生命之长久、贵精神之自由、尚行为之放达。尽管玄学的流派不同,但其人生价值观的实质都是对"名教"反思后的一种自然主义。

2.2.1 畅性情之自然

魏晋士族自我的发展和个性的凸显是随着儒家的纲常伦理和礼法的失范而出现的。加之他们重玄学、鄙名教,崇尚自然,"称情直往",因而也就在生活中"率尔自为",无拘无束,放诞不羁。换句话说,也就是要按照自己本性的方式去生活。这种态度

① 金春峰:《汉代思想史》,中国社会科学出版社,1997,第367页。

散见于众多士族心中，而且越往后发展越显得尤为放纵和过分。这种率性放逸的态度并非自魏晋而始，东汉已有人开其先河。《后汉书·马融传》记载马融"达生任性，不拘儒者之节"。而令人惊异与困惑的是，马融作为古文经学大师，乃是儒家所说的"士志于道"的礼法之士，竟然有此作为，似乎昭示着儒学内部人士对自身所研求的礼教的反动。甚至作为孔子世孙的孔融也"天性气爽，颇推平生之意"，曾经"云：父之于子，当有何亲？论其本意，实为情欲发耳。子之于母，亦复奚为？譬如寄物瓶中，出则离矣"。率性自为，终至于为曹操所杀。当然，这只是开魏晋之风的人物，整个士族将这种率性推到了更高的地步，当时皆以"真率"为风流，名士几无不任为之，不复顾忌。

《世说新语·赏誉》载简文帝称王怀祖"才既不长，于荣利又不淡；直以真率少许，便足对人多多许"。自可看见真率在当时人们心中之地位。《世说新语·雅量》载王右军在郗太傅前去王家求女婿时"在东床上坦腹卧，如不闻。郗公云：'正此好'！……因嫁女与焉"。王羲之的儿子王子猷的任诞更是为人所称誉。据《世说新语·任诞》载，王子猷雪夜忽想及戴安道便乘船拜访，经宿方至，竟及门而返，不见其人。人问之何故，王回答说"吾本乘兴而来，兴尽而返，何必见戴？"真是令人既感率性洒脱，又觉不可思议。但正是这种态度，使得士族每每纵之如故，不遑缘饰。殷洪为豫章郡，亲友附信百封，至中途，殷竟投之于江，称不能做致书邮。可谓率性之至，放诞之过。阮咸"以大瓮乘酒，围坐，相向大酌。时有群猪来饮，直接上去，便共饮之"（《世说新语·任诞》），足令人瞠目了。王隐《晋书》说王澄、谢琨辈"故去巾帻，脱

衣服,露丑恶,同禽兽",可见此种率性任诞之生活态度风行及避难过江之后。即如周伯仁宿称"风德雅重"之辈,我们依然可以从邓粲《晋纪》的记述中看到令人不解的举动:"王导与伯仁及朝士诣尚书纪瞻观伎,瞻有爱妾,能为新声。伯仁于众中欲通其妾,露其丑秽,颜无怍色。有司奏免其官,诏特原之。"这真是任诞之极了! 而周伯仁竟然毫无愧色,在《世说新语·任诞》中"有人讥周仆射(伯仁)与亲友言戏,秽杂无检节。周曰:'吾若万里长江,何能不千里一曲。'"这简直是直接为自己的行为辩护了。我们也很自然地可以看到后人乃至于当时的人对此的不满或者是挞伐。即以周伯仁为例,谢鲲便指出,"卿(指周伯仁)类社树,远望之,峨峨拂青天;然近视之,其根则群狐所托,下聚浊而已"。不过这些人倒是在大节上无亏,也就是章炳麟所说的"言虚艺实",或者是"立身虽鄙,立志则高"之类。

魏晋时期是一个"真风告逝,大伪斯兴"的年代。"魏晋人以狂狷来反抗这乡愿的社会,反抗这桎梏性灵的礼教和士大夫阶层的庸俗,向自己的真性情、真血性里发掘人生的真意义、真道德。他们不惜拿自己的生命、地位、名誉来冒犯假借礼教以维持权位的统治阶级",这是在魏晋初期任诞之风尚未过分被人所扭曲时的真正能体现士人内心之真的表露,但是,随着时间的推移,在魏晋后期,这种放诞的态度逐渐有过之而无不及,以至于狂放、纵性,完全失去了那种发自内心的真精神,鲜有对真理的追求,也缺乏那种高深致远的情趣,简直是求乐无极,"行同禽兽"。光逸"寻以世难,避乱渡江……辅之……闭室酣饮已累日。逸将排户入,守者不听。逸便于户外脱衣露头于狗窦中窥之而大叫"。这种放诞无疑与禽兽无异。这种过激的行为可多见于《世说新语》一书中，不胜枚举。但是，我们也必须指出，这只是率性放诞的一个方面而已。由这种生活态度，可以指引出两条不同的道路，一条即是上面所引述的过分纵为的一面，另一条则体现在他们真正的发自内心的重"至情"而率尔自为的方面，就如同王戎所说的"圣人忘情，最下不及情，情之所钟，正在我辈"。这种率性放诞的背后深藏着他们的"一往而有深情"，也就是"庾文康亡，何扬州临葬云：'埋玉树于土中，使人情何能已已'！"（《世说新语·伤逝》）那种集蕴在他们内心的对真善美的一种近乎绝望的热爱。甚至英武一世的桓温，北征见以前所种的柳树"皆以十围，谓木犹如此，人何以堪。攀枝执条，泫然流泪"，（同上）都是任情率然的表露。

王珣（东亭）曾与谢安有姻亲之实，后以猜嫌至隙，太傅（谢安）与珣绝婚。但是"王（珣）在东闻谢（安）丧，便出都诣子敬，道：'欲哭谢公'。子敬始卧，闻其言，便惊起曰：'所望于法护'（法护是王珣小字）。王于是往哭。督帅刁约不听前，曰：'官平生在时，不见此客。'王亦不与语，直前，哭甚恸，不执末婢手而退"。这就是放诞率性的另一种表现，较之那种放荡不羁的纵性之态是有着霄壤之别的。子猷奔弟子敬丧，初都不哭，径入，坐灵床上，取子敬琴弹，弦既不调，掷地云："子敬子敬！人琴俱亡！"（《伤逝》）无不是这种真情的流露。我们固然批判那种过分放诞的行径，但是又不能不称誉这种至真至纯的人情的高尚。这也即是宗白华所称赞的魏晋人"简约玄澹，超然绝俗的哲学的美"。因此我们在这种率性放诞的生活态度中看到了截然不同的两个方面，而这又恰恰是一种必然的结果。也只有把握住这两个不同的层面，

才可以真正理解这种生活态度背后所隐藏的魏晋士族内心的矛盾和统一,也才能真正体味到这种率性放诞的本质。

伴随着率性放诞这种生活态度而来的是清谈之风和品藻人物之风的盛行。"清谈",就其源流而言,是承接东汉清议之风而来的,作为一种文化风尚,它是一种社会性的讨论活动,在士族的生活中居于一个重要的地位。清谈是在初始就玄学问题相与辨析的过程中逐渐流衍开来。不过清议所谈论的主要是政治社会问题和人物臧否,带有着正义的性质,或者说是暗合着儒家的道德标准。魏晋时期的清谈则主要是以谈老学和庄学为主,当然也包括人物品评,这是与时代的风气相关的。清谈无疑是追求形而上的对玄理的探讨,自然与俗事相乖违,因此也有称之为"清言"的。清谈所谈论的内容是随着时代的推移而改变的,不仅有名理派,也有玄论派,但大抵是以玄论为主。简单地说,正始年间是清谈的第一阶段,也被称之为"正始之音"。主要是以何晏、王弼、荀粲、夏侯玄为主,也就是所谓的正始名士。这一时期,他们多"言虚胜,尚玄远",主要是谈论老庄之类的形而上的义理。见于《世说新语》中《文学》"何晏为吏部尚书"条。同时在《文学》篇中,我们还可以看到"傅嘏善言虚胜,荀粲谈尚玄远,每至共语,有争而不相喻"。同一篇中还有所记,"殷中军为庾公长史,下都,王丞相为之集,桓公、王长史、王蓝田、谢镇西并在。丞相自起解帐带麈尾,语殷曰:'身今日当与君共谈析理。'既共清言,遂达三更。"不过这已经是东晋时期了,可见清谈流风所及。

在第二个阶段,也就是西晋一朝元康年间以王衍、裴頠、郭象为代表的清谈。关于这期间的情况,我们可以从以下几个论述中窥见一瞥。《晋纪》说："太康以来，贵谈老庄，少有说事"；刘勰《文心雕龙》序文中曾说，"自中朝贵玄，江左称盛，因谈余气，流成文体"；东晋应詹曾上疏"元康以来，贱经尚道，以玄虚宏放为夷达，以儒术清俭为鄙俗。永嘉之弊，未必不由此也"。可见较之正始之际，此时的清谈已经成为普遍的社会风尚。《晋书》称王衍"妙善玄言，唯谈《老》《庄》为事……矜高浮诞，遂成风俗焉"，以致倾动当世，称之为"当时谈宗"（《晋书·阮修传》）。不过他"虽居宰辅之重，不以经国为念，而思自全之计"（《王衍传》），加之大节有亏，每为后人所不耻与贬斥。此时的清谈与正始之际的区别还表现在对清谈的语言技巧和声韵之美的重视上，这毋宁更增加了清谈的华而不实性。如阮修"言寡而辞畅"，王承"言理辨物，但明其旨要而不饰文辞，有识者服其约而能通"（《王承传》）。清谈者王濛在比较自己和刘惔时说道："韶音令辞，不如我，往辄破的，胜我"（《世说新语·文学》）。但这种追求言辞华丽的尝试加剧了清谈的负面性影响，至于出现元康放达一派狂放风潮。谢鲲辈便是如此。东晋偏移江左之际，清谈之风仍不绝如缕，以丞相王导为领袖的士族成员，仍清谈不已。可见于《世说新语·文学》"殷中军为庾公长史"一条，这只不过是其大者，清谈乃是他清虚治政的一种方略。同时，谢安、殷浩、庾亮辈同样尚于清谈，值得关注的倒是清谈后期佛理的掺入，这是东晋时期清谈的主要特点。

至于品藻人物，尤见重于当时，这是延续东汉臧否人物而来的一种风尚。大抵以品评人物的风姿道德为主，同时也十分注重一个人内心境界的高下，其间乃是贯注了魏晋时期人所独有的审

美标准和欣赏眼光,也就是遗落外在礼仪道德所依附的重压,关注个性的真我的美。散见于历史资料中的品评之语不胜列举。即以刘义庆所编著的《世说新语》一书而言,就在《容止》《赏誉》等数篇中记载人物的品藻和审美。如"时人目王右军,飘如游云,矫若惊龙";"王公目太尉,岩岩清峙,壁立千仞";"有人叹王恭形茂者,云,濯濯如春月柳"等,关于这种品藻的还有很多的例子,所需要指出的是,这种品藻是伴随着清谈而来的一种生活中不可或缺的存在方式,而尤为需指出的是,这种对人的风姿、容貌的品藻,逐渐忽略了人们内心深处那种道德的认可和赞同。换句话说,这种品藻开启了一种由外向内的审美方式,开始认识到自身的美,当然,这"自身"是遗世独立于传统的道德礼法笼罩之外的生命个体。而与此相对立的是,这种对道德的忽略使得他们陷入了一种矫饰虚伪的泥淖之中,也就是雅慕虚荣。比如很多人就是借着善清谈、臧否人物而"以邀世誉"自长身价的。即如谢安,也有慕虚荣的一面。《晋书》中《谢安传》记载到谢安"玄等既破坚,有驿书至,安方对客围棋,看书既竟,便摄放床上,了无喜色,棋如故。客问之,徐答曰:'小儿辈遂已破贼'。"人多称之度量之大,但是之后谢安入室,过槛,不觉屐履为之断。刘孝标在《世说》一书中的注后加上了"其矫情饰物有如此"这样一句话,可见刚才的故作镇定是贪慕虚荣所致。王导,被桓彝成为"江左管夷吾"的清谈领袖,同样如此。《世说新语》载过江诸人在新亭对泣之际,王丞相愀然变色曰:"当共戮力王室,克复神州,何至做楚囚相对"。但事实只是"不服省事,终日惶惶",乃至于要人当思此"惶惶"。总的来说,这种矛盾的现象在当时是普遍的,或许可以说是他们在世的迷茫与彷徨的象征,但是他们始终没有找到一种明确的出路,只在清谈、品藻的生活方式中耗尽着他们的精神和志向,但由此所造成的后果他们并非不知道。王衍在临死之际,"顾而言曰:'呜呼!吾曹虽不如古人,向若不祖尚浮虚,戮力以匡天下,犹可不至今日'"。尽管如此,这仍不足以唤醒世人的觉悟,世道的沦丧也就不可避免地到来了。

面对名教的衰落与政局的动荡以及生命的脆弱,魏晋玄学家对以名教秩序为美的儒家道义论人生价值观展开了反思与批判。正始之音的主唱何晏、王弼主张"名教出于自然",目的是通过对生命的自我体验,实现"与道同体""以自然为性",反对名教对人的制约与束缚,以顺其自然为乐,认为幸福的人生就是自然的人生。王弼在注释老子的"道常无为"时写道:"唯自然也。"王弼提倡以自然为性,其根本意义在于批判伦理主义,否定儒家的名教。他对"自然"的崇尚,是对儒家以道德理性满足为乐,以等级秩序为美的价值取向的一次巨大冲击。王弼认为,只有把人们从名教中解放出来,才能获得顺应性情的快乐。他说:"自然已足,为则败也。"(王弼:《老子二章注》)又说:"万物以自然为性,故可因而不可为也,可通而不可执也。"(王弼:《老子二十九章注》)自然之性只能顺应,不可用人为的纲常名教去改变它。

竹林名士阮籍说:"人生天地之中,体自然之形。身者,阴阳之正气也,性者,五行之正性也,情者,游魂之变欲也。"(阮籍:《达庄论》)在阮籍看来,人只是自然界的一个具体形态而已,人的身性也都是自然界的精气所构成。情是人的自然欲望。嵇康也对人的生理本能进行了肯定:"饥而求食,自然之理也"(嵇康:《答难养生论》），并认为人的本性就是自然无为，"夫民之性，好安而恶危，好逸而恶劳，故不扰则其愿得，不逼则其志从。六经以抑引为主，人性以从欲为欢。抑引则违其愿，从欲则得自然"。（嵇康：《难自然好学论》）嵇康明确肯定了人性的自然所好是"从欲"和"无为"。在这里嵇康彻底否定了外在纲常名教对人性的束缚，转而追求内在自然本性的应有价值。在嵇康看来主于内者的自然境界，才是人们应该追求的真正人生价值所在。向秀也认为，"有生则有情，称情则自然，若绝而外，则与无生同，何贵于有生哉"。（向秀：《难嵇叔夜养生论》）如果没有情感，生命毫无意义。将情感提到生命的高度，足以见其对情感的注重与对生命之本然深情的肯定。宗白华评价道："深于情者，不仅对于宇宙人生体会到至深的无名的哀感，扩而充之，可以成为耶稣、释迦的悲天悯人就是快乐的体验也是深入肺腑，惊心动魄。浅俗薄情的人，不仅不能深哀，且不知所谓真乐。"①

　　裴颜虽然主"崇有"而反"贵无"，但他也对人的情欲持肯定看法。他提出"宝生存宜"（裴颜：《崇有论》）的观点，以人的自然欲望为"宜"，反对纵欲，强调把欲望调节在"节中"的位置上是人之情。郭象的独化自性说则把名教规范直接植入到人的自然本性之中，他认为："夫仁义自是人之情性，但当任之耳。恐仁义非人情而忧之者，真可谓多忧也。"（郭象：《庄子·骈拇注》）这是说，仁义等道德规范即在人的自然本性之中，所以应当听任人的本性发挥，不用担心它会离开道德规范。反过来讲，服从于仁义等名

---

① 宗白华：《美学散步》，上海人民出版社，1981，第182页。

教规范,实际上也正是发挥了人的自然本性,是完全合乎人的自然本性的。郭象认为每一事物都各依其"自性"或"性命"而自然存在,各个事物都独立地具有各自的天性,即"性各有分"。也就是说,各个事物各依其天然分定的本来性命,自得自足,自适自乐,自运自化。因此,只要各足其性,各适其性,便可齐一分别,从而达到"乘天地之正""游变化之涂"(郭象:《庄子·逍遥游注》)的境界。

儒家也承认人的自然情感,主张以情从礼,讲究"发乎情,止乎礼",将人的情感约束在纲常礼教之内,流于冰冷的机械的形式之中。而畅情的魏晋士人,以其情之深刻真挚,突破了儒家的礼法约束,任情而为,"把道德的灵魂重新建筑在热情和率真之上,摆脱陈腐礼法的外形"①。畅性情之自然成为魏晋玄学家人生价值观的基本内涵之一,名士们高扬性情,从性情的自然体验中。《世说新语》中记载了很多任性情不拘泥于礼法的故事。如王戎之语"情之所钟,止在我辈"。(《世说新语·伤逝》)

魏晋玄学名士们不仅仅认为顺应自然性情是普通人的价值所在,也是圣人的快乐所在。王弼主张圣人有情,他说的情与庄子类似,都是超越了一己功利是非的喜怒,因物而起,自然而发,不累于物,更不会内伤其身。"圣人达自然之情,畅万物之情。"(王弼:《老子二十九章注》)圣人首先是人,同样具有一般人"自然之性"的规定,理想的人格境界(圣)与现实的社会生活(情)并非截然二分,圣人之圣寓于"自然之性"之中,理想境界不能脱离

---

① 宗白华:《美学散步》,上海人民出版社,1981,第191页。

现实生活。而且圣人唯其有"五情"故能"应万物",而唯其"神明",故可"应与物而不累于物"。(何劭:《王弼传》)这也就是阮籍的所谓"与造物同体,天地并生,逍遥浮世,与道俱成,变化散聚,不常其形"的"大人先生"形象。他超乎社会,超乎自然,不为名教所束缚,不为世务所烦恼,"必超世而绝群,遗俗而独往,登乎太始之前,览乎勿漠之初,周流于无外,志浩荡而自舒,飘遥于四运,翻翱翔乎八隅"。(阮籍:《大人先生传》)这种超然物外的理想人格形象,在嵇康看来,哪怕是"不得已而临天下",也能在内心中得到同于自然的境界。这是一种不论身处何位,心与天下万物始终相通,以自然自得之道行事,以淡泊之志面对荣华富贵的超然境界。嵇康在其《释私论》中所表达的就是这种超越的精神:"夫气静神虚者,心不存乎矜尚,体亮心达者,情不系所欲。今尚不存于心,故能越名教而任自然,情不系于所欲,故能审贵贱而通物情。物情顺通,故大道无违,越名任心,故是非无措也。"如此便可以"寄胸怀于八荒,垂坦荡以永口"。(嵇康:《释私论》)魏晋名士所向往的圣人形象都是:与天同体、与万物齐心、以天下为斋,游于天地间,乐于天地间。自然的人生境界是他们所共同追求的目标。这意味着魏晋玄学在自然的层面上肯定了情的价值,其实质是肯定了人对感性快乐的追求。

2.2.2 重生命之长久

"魏晋之际,天下多故,名士少有全者。"(《晋书·列传第十九》)现实中随处可见的死亡惊醒了人内在的生命意识,自我生命的精神反思开始空前活跃起来。曹操在《短歌行》中叹道:"对酒当歌，人生几何？譬如朝露，去日苦多！"在《秋胡行》之二中有"天地何久长！人道居之短。"可见，现实中的死亡使人们更加清醒地认识到生命的可贵，更加突出了对个体生命的关注。从人的主观幸福感来说，这种对生命本身的重视，其实质是心理上的一种匮乏性需求。但这种需求同样能得到内在的满足，犹如画饼充饥，更似病痛之痊愈的快感。但无论任何时代，重视生命的主张都是人道主义的基本价值取向。

与先秦道家不悦生恶死的主张不同，魏晋士人对死有着深刻的哀思。这也可以映衬出其重生的价值取向。对于死亡，魏晋士人从内心深处发出真挚的哀悼之情，他们在情感中体会生命的真实与可贵。《世说新语》中记载了很多这样的情景。"庾亮死，何扬州临葬云：'埋玉树著土中，使人情何能已已'。"（《世说新语·伤逝》）如果说前面的感慨哀悼是基于对死者的个人情感怀念，那么阮籍的为并不相识的女子"径往哭之，尽哀而还"，则是不以私交或私情为怀，而只是为了一个年轻美丽生命的逝去而感到悲伤。这样的情怀究其实质正是以生命本身为最大价值，与外物无关。

在魏晋玄学家中，对生命最为重视的是竹林名士嵇康和阮籍。他们除了追求精神的超脱外，不可避免地畅想"得长生之永久，任自然以托身，并天地而不朽者"（嵇康：《答难养生论》），其实质是渴望人的生命能够永存，人的精神能够不朽，更自然地去生活，去追求。嵇康还具体地阐发了养生的方法，足见其对长生的重视。他说："善养生者，则不然矣。清虚静泰，少私寡欲，知名位之伤德，故忽而不营，非欲而强禁也；识厚味之害性，故弃而弗

顾,非贪而后抑也;外物以累心不存,神气以醇白独著;旷然无忧患,寂然无思虑,又守之以一,养之以和,和理日济,同乎大顺。"(嵇康:《养生论》)嵇康认为名利、声色等均是外在之物,如果不利于长生的就必须去之。总之,只要能够做到少私寡欲,则"旷然无忧患,寂然无思虑"就能达到健身长寿的目的。同为竹林七贤的阮籍甚至希望求仙以得长生。这一思想主张在他的诗中体现得淋漓尽致:"谁云君子贤,明达安可能,乘云招松乔,呼吸永矣哉!"(《咏怀》之五十)"焉见王子乔,乘云翔邓林。独有延年术,可以慰吾心。"(《咏怀》之十)这种以长生久视为人生价值的观念与道教的主张颇有几分相似之处。玄学家虽然以重视生命本身为价值取向,但并不意味着他们如何的恐惧死亡,而是主张对生命本身的重视和关注。当死亡来临时,他们并不会惊慌失措,如玄学名流阮籍、刘伶等人的"恬于生而静于死",就是最好的例证。

既往所谈论到的魏晋士族,多数指出他们遗落世务,重门阀、个人而忽视社会、国家,背弃礼义名教,以致大一统的政治秩序混乱,人民生活涂炭,这已为前人所批驳殆尽,在此不足以再拾余绪,辨之不已。倘若换个角度,也许可以发现期间有益的地方。不可否认的是,魏晋之期不仅仅是"人情"最为纯粹流露的时代,但同样恰恰也是礼学最为发达的时代,甚至玄学和礼学渐次合流,为门第服务了。我们看见的诸多士族违背礼制要求,率性而为,情礼冲突十分严重,这恰恰是一种表象,真正涌动在他们内心的是对真正的礼教精神的固守,他们要把失落已久的人情重新纳入到礼的内涵之中,肯定人情的合理地位,完成礼与情在实际生活中的协调。

情与礼的冲突是一个在魏晋时期持续时间很长的焦点所在，从阮籍"礼岂为我辈设"到后来士族动辄任情违礼逆行，从维持秩序离不开礼制到传统名教伦理纲常不能解决现实复杂多变的问题，都昭示着传统的礼制已经到了一个不可不变革的阶段，这并非单单是要还人情于合理的地位，更重要的是要为家族门第服务。众所周知的是，婚与宦乃是维系门第的两个主要的准绳，倘若为礼所缚长期服丧，以致婚宦两废，门第自然不能维系下去。这也是王戎所说的"不废婚宦"道理所在。可以看见玄学所倡的重人情的影响。

先秦儒家诸如孔子、孟子、荀子等都是重礼的，但是他们并不将人情排除于外，而且明白地表示到，"礼者，所以节文人情"（《荀子》），孔子也说"礼不害性""发乎情，止乎礼义"，而性也是包括人情在内的，也就是通常所说的"节哀顺变"的意思。只是后来经汉代杂学的掺入，使得礼变成了纯粹绝对的与情互不两立的境地。魏晋士族所要做的恰恰是反抗这种把礼绝对化的倾向。因而变通也就成了这个时期对待礼制的一个突出的观点，换句话说，也就是情成为他们拟定礼仪最首要的出发点和落脚点。谢尚曾言"典礼之兴，皆因循情理，开通弘胜，如运有屯夷，要当断之以大义"，干宝《晋纪·礼论》也说："礼有经有权有变……且夫吉凶哀乐，动乎情者也，五礼之制，所以叙情而即事也"。徐广也说"缘情立礼"。不过，"缘情制礼"并非随意放纵，而是要根据实际来解决当时的问题。一方面是禁止居丧不守礼之类的情况，就如服中生五子的赵宣；另一方面也是防止居丧过礼，杜绝那种"哀毁过

礼""毁几灭性"的现象。

可以说,这种"情"重新植入"礼"的做法是基于当时的社会实际的,是为现实中的门第服务的,但是,这也从另一个角度说明儒家伦理观念的僵化与苛刻程度。这也就是从竹林七贤到东晋一朝人们对名教与自然之争的必然结穴。换句话说,从竹林玄学时名教与自然的尖锐对立,到后来的寓名教于自然,再到东晋时期名教即自然这期间的变迁,都是为了达到还情于礼,寓情于礼这一境地。而当时重家族门第轻国家的事实也可以在这里找到其缘由:士族的任情适性、率尔放诞是基于门第的存在为前提的,而这必须以维护门第内的纲纪为基本保障。寓情于礼,缘情制礼恰恰是为此服务的,这也恰是时代所赋予的内在要求。因而,在这种变通之中,我们便可以发现,一方面士族狂放悖礼,任情率性是为了肯定人情的地位,一方面却又循礼备至,以致灭性,而求得对传统礼制的改革。也正是这种矛盾的存在才使得魏晋之际门第得以保存,而礼学也渐次发达。

2.2.3   贵精神之自由

在对现实人生价值难以实现的反思中,魏晋玄学家继承并发展了先秦道家以追求精神自由的人生价值取向。宗白华先生说过:"汉末魏晋六朝是中国政治上最混乱,社会上最痛苦的时代,然而却是精神上极自由、极解放,最富有智慧,最浓于热情的一个时代……魏晋的玄学使晋人得到空前绝后的精神解放"。[①] 汤用

---

① 宗白华:《美学散步》,上海人民出版社,1981,第188页。

彤先生也指出："故其时思想之中心不在社会而在个人,不在环境而在内心,不在形质而在精神……从哲理上说,所在意欲探求玄远世界,脱离尘世之苦海,探得生存之奥秘。"①

从正始玄学的"贵无"开始,名士们就以从名教的制约中走出来,开始追求自然本真的精神自由为乐。竹林玄学家推崇一种无待的境界,希望不为外物所牵累,获得自由之乐。最具代表性的主张就是:"越名教而任自然。"(嵇康:《释私论》)"越名教"是出发点,是外界环境的逼迫造成的,"任自然"是个人为求得安身立命所做的最终选择和归宿。嵇康说:"故世之难得者,非财也,非荣也,患意之不足耳……今居荣华而忧,虽与荣华偕老,亦所以终身长愁耳。故老子曰:乐莫大于无忧,富莫大于知足。此之谓也。"(嵇康:《答难养生论》)嵇康还否定了以外在的感官之欲为满足的快乐,"人从少至长,降杀好恶,有盛衰,或稚年所乐,壮而弃之;始之所薄,终而重之。当其所悦,谓不可夺;值其所丑,谓不可欢然还成易地,则情变于初。苟嗜欲有变,安知今之所耽,不为臭腐?囊之所贱,不为奇美耶?"(嵇康:《答难养生论》)嵇康所向往的是一种顺应自然之道的内在精神快乐,这种快乐不在于荣华富贵等外物,而在于内在的精神自由与满足,他称这种快乐为"大和之乐"。嵇康说:"若以大和为至乐,则荣华不足顾也,从恬澹为至味,则酒色不足钦也。苟得意有地,俗之所乐,皆粪土耳,何足恋哉!……故以荣华为生具,谓济万世不足以喜耳。此皆无主于内,借外物以乐之,外物虽丰,哀亦备矣。有主于中,以内乐外,虽

① 汤用彤:《理学·佛学·玄学》,北京:北京大学出版社,1991,第317页。

无钟鼓,乐已具矣。"(嵇康:《答难养生论》)一如阮籍所说:"且圣人以道德为心,不以富贵为志。以无为用;不以人物为事。尊显不加重、贫贱不自轻。失不自以为辱,得不自以为荣。"(嵇康:《大人先生传》)阮籍借"大人先生"的形象来对抗被异化了的名教体系以及现存的社会秩序,并主张"与造物同体""与道俱成"的精神境界。这种境界超越了人我分别、物我对立,也是一种超越于善恶是非之上的绝对自由精神境界。唐君毅曾指出"精神所要求的是什么,就是超越在时空中的现实的身体与物质对他自己之限制束缚成为自有无限的精神,体现形而上的精神实在。"①精神如何显露关键是要自觉地节制其物质生活,"真正自觉地要过刻苦生活的人,他是认清了精神之显露,只在身体欲望之限制上。限制身体之欲望,即是剥去包围精神之物质的皮。这皮愈剥去,精神愈显露,所以这种人的物质生活愈淡泊,愈自觉其精神之提高,愈自觉其精神之真实存在"②。

西晋玄学家郭象虽然主张"名教即自然",但其对人生的价值取向依然以精神自由为重。他在《庄子·逍遥游注》里提出了两种类型的逍遥,一类是"至德之人玄同彼我者之逍遥",另一类是"必得其所待,然后逍遥",但均统一在"适性"之中。郭象认为一切事物依其各自本然的"性命""性分"自得自足,自适自乐。其所追求的终极目标"玄冥之境",其实质亦是精神逍遥自适与个体生命价值实现的统一。可以说"玄冥之境"很好地解决了名教与自然的矛盾,在这种境界中即可以安顿自我获得心灵的愉悦,又

① 唐君毅:《道德自我之建立》,广西师范大学出版社,2005,第119页。
② 唐君毅:《道德自我之建立》,广西师范大学出版社,2005,第125页。

可以治理群生,侧重于外王事功。并论证了庙堂与山林不忤,名教与自然合一,为"名教中自有乐地"(《世说·德行》)的论调找到了理论依据。因此可以说,郭象的"适性逍遥"已为凡圣之辈均安排了一条生命愉悦之坦途,其"玄冥之境"理论上也超越了虚无缥缈的"乌何有之乡"。

士族憧憬精神自由的另一个表现是寄情山水之间,游玩不返。竹林七贤的王戎便是一例。庾亮"雅好所托,常任尘垢之外,虽柔心应世,蠖曲其迹,而方寸湛然,固以玄对山水"(孙绰《庾亮碑文》),仍是在山水之间追求自己的乐趣。《晋书》记载王羲之"不乐在京师,初渡浙江,便有终焉之志。会稽有佳山水,名士多居之,谢安未仕时亦居焉"。在游览山水之际,王羲之"遍游东中诸郡,穷诸名山,泛沧海,叹曰:'我卒当以乐死'",(见《王羲之传》)可谓寄情山水之极了。著名的《兰亭集序》就是在这种山水之情的享乐中诞生的。东晋名相谢安,"先居会稽,与支道林、王羲之、许询共游处,出则游弋山水,入则谈说属文",(《世说新语》刘孝标注《雅量》篇"谢太傅盘桓东山时,与孙兴公诸人泛海戏")可见同样畅游山水,寄情享乐。《世说新语》还记载了诸多寄情山水的言行,"王子敬云,从山阴道上行,山川自相映发,使人应接不暇。若秋冬之际,尤难为怀"。"王司州至吴兴印渚中看。叹曰:'非唯使人情开涤,亦觉日月清朗。'"这种享乐无疑是带着审美的心态的,完全有别于上面所说的纵情嗜欲。这同样反映了魏晋时期士族中间不同的一面,或者说是其中矛盾的一面。在同样的追求个人价值的路上,他们分别指向了不同的地方。士族的人生价值在社会价值上没有凸显得十分明确,但在个人价值之上却显得

十分明显,而且异常复杂。但也正是在这种复杂的意义之下,他们发现了美,尤其是自然的美,当然,还有他们自身的解放和觉醒。

2.2.4 尚行为之放达

玄学家的人生价值观主张的畅性情、贵自由都需要外在的表现形式,除了清谈之外,名士们通过放达的行为彰显着自我的性情与精神的自由。面对死亡的不确定,权威思想的崩溃,存在的价值和价值的存在被彻底抛弃,很多人的选择是以极端纵欲为乐。但竹林名士只不过是通过一些夸张放荡的行为来抒发其内在痛苦与不满,其内在的主旨并非以享乐纵欲为人生价值,只不过是在生命本性受到压抑过程中极端抗争的外在表现而已。正如鲁迅所说:"诚看阮籍、嵇康,就是如此。这是因为他们生于乱世,不得已才有这样的行为,并非他们的本态。但又于此可见魏晋的破坏礼教者,实在是相信礼教到固执之极的。"(鲁迅:《鲁迅全集》,《而已集》,《魏晋风度及文章与药及酒的关系》)由于找不到现实出路,他们不得不进入其所幻想的虚无缥缈的乌何有之乡进行精神漫游,以便给自己破碎的心灵寻找一丝慰藉。所以嵇、阮对理想人格的构筑和追求不仅仅在于其玄,而且寄于现实生活过程,通过他们徜徉山水,放浪形骸,纵情蔑礼,任性率意的放达行为来体现。《世说新语》中记载了竹林名士们大量率意放达的逸事,从他们的行止中,人们可以切实感受到其遗世弃俗的精神。他们在自己的生活中,也将自己的行为艺术化、审美化。魏晋士人许多放达、不拘礼法的行为也由此而起。刘伶是著名的酒鬼,

"常乘鹿车,携一壶酒,使人荷锸而随之,谓曰'死便埋我。'其遗形骸如此"。这样的酒鬼却不是真的浮生于世,而是"常以细宇宙齐万物为心"。(《晋书·刘伶传》)毕茂世公开声称:"一手持蟹螯,一手持酒杯,拍浮酒池中,便足了一生。"(《世说新语·任诞》)这样的生活单单从表面看起来与纵欲浮生没有什么区别,但其精神的主旨却是对异化名教的反驳与抗争,这或许是当代行为艺术的先驱。《世说新语》所载:王子猷"忽忆戴安道""经宿方至,造门不前而返",但他却并未因此而扫兴,而是说:"兴尽而返,何必见戴"。(《世说新语·任诞》)可见,玄学家人生的价值取向绝不注重功利本身,而是一种逍遥的自由精神境界。

魏晋时代是一个重享乐的时代,也是一个个人主义盛行的时代,他们不仅抛弃了儒家治国平天下的外王要求,背离了"道"的现实性,而且在内圣方面也不在注重修身敬德,一味沉浸在自我的享受游乐之中。这不仅因为士族把握着当时的政权,还因为他们有足以托身的经济基础,因此能悠游享乐,纵情不已,生活上已经极为腐化了。

据史所载,何曾"性豪奢,务在华侈。帷帐车服,穷极绮丽,厨膳滋味,过于王者……日食万钱,犹曰无下箸处"。这种享乐已经到了不可及处。石崇,魏晋时期一个穷奢极欲的人更是骇人。《石崇传》记述道:"财产丰积,室宇宏丽,后房百数……",可见一斑,最著名的还是石崇与贵戚王恺斗富的记述(可参见本传)。《晋书·五行志》上层记述到,"惠帝元康中,贵游子弟相与为散发裸身之饮,对弄婢妾",可见恣情之甚。《世说新语·汰侈》中曾描述道,"武帝尝降王武子家……蒸豚肥美,异于常味。帝怪问之,

答曰:'以人乳饮豚。'帝甚不平,食未毕,便去"。这简直是令人发指了。在《世说新语》中对此有很多细致的记载,诸如《汰侈》等篇,在此似无须对此详加列举,足以说明此种风气已在当时流衍甚广。

总之,尽管不同时期魏晋玄学家的具体主张各有不同,但其人生价值观的实质则是名教秩序下反思后的自然论。其整体价值取向上以性情之自然、生命之长久、精神之自由、行为之放达为乐,其主旨是"依照自然而生活"。这种追求自然性情、精神自由行为放诞的"魏晋风度",不仅仅影响了整个魏晋时期的生活方式,而且对以后的各个生活领域,尤其是艺术领域,都产生了深刻的影响。

2.3 宗教思想中的自然主义人生价值观

自西汉儒学成为官学后,儒家一统天下的思想文化体系似乎得到了确立。但事实上,中国任何时期的文化都不是一元的,都有交融。不仅有以道家思想为理论框架的魏晋玄学开始兴起,也有以佛教为首的一些宗教思想的产生。佛教和道教也逐渐成为人们苦难生活中聊以自慰的精神寄托。在这段大变动的历史时期中,以儒释道为主流的各种思想相互激荡着,形成了多种互有交融的人生价值观。

2.3.1 佛教中的自然主义人生价值观

佛教中国化有先天之本数千年来,与中华文化相逢遭遇的外来文化数量众多,并不是每种外来文化都能在中华大地上扎根开花结果。佛教能够与中华固有文化水乳交融，与其具有的先天之本密切相关。

首先，佛教的核心信仰与儒道两家有相似性和相通性，具有融入中华文化基因的先天优势。佛教不是排他性的一神宗教，从信仰者与被信仰者的关系来看，佛教信徒与最高崇拜对象释迦牟尼佛之间本质上是师徒关系。佛教信仰的这个特性，与儒道两家基本相同。儒道两家是中华固有文化基本特质的集中体现者，所以，在中华文化环境中成长的人士，参照儒家和道家的模式来理解佛教信仰，并没有特殊困难。因此，当人们还对佛学知之甚少的时候，就把释迦与老子并列祭祀，进而再把释迦牟尼、孔子、老子等量齐观。

其次，佛教作为一种成熟形态的宗教，具有满足社会各阶层人士不同精神需求的功能。佛教在汉代进入中华大地，当时中华文化基本形成系统。但是，当时中国还没有类似佛教的成熟宗教。对于社会各阶层的部分人士来说，佛教宣扬的世界观、人生观、价值观和生死观，佛教的基本道德准则、禅修实践、概念思维，一定程度上满足了他们认识世界、社会和生命现象的需要，满足了他们治疗心理疾病和提高精神生活质量的需要，满足了建立新的社会组织以便解决某些现实问题的需要。佛教具有的这些满足部分中土人士多种需要的功能，成为促进佛教加快融入中华文化的不竭动力。

佛教在西汉时期就已经传入中国大陆，经过很长一段时间的适应和积累以后，在玄学运动的晚期，开始正式登上中国思想史的舞台。当时，玄学名士用老庄道家对儒家名教的校正工作已经

完成。郭象以后,玄学在社会上仍然是社会意识的主流,名士们也保持着清谈、玄放的风气,但是学术上的创建已经接近干涸。魏晋玄学先是要改造名教,失败之后继之以否定名教,再失败之后被迫理解接受名教,试图在名教之中寻找乐土。玄学通过精神境界的提升、人性的完美升华,以此摆脱异化的名教对个人在精神上的控制、在心灵上的折磨。但是,心灵超脱的同时,异化的名教还是在身边发挥着实际的作用,这是包括郭象在内的玄学家们怎样也无法改变的现实状况。这个时候,佛教适时地开始凸显,接过了这个玄学问题。佛教用"空论"来帮助人们看破俗世红尘,放下对名教的执着,用"中观"来打通真俗二谛,帮助人们平和心理,以与名教相处,逐渐被时人接受。

佛教以涅槃为人生的终极目标,涅槃境界也是人生最值得追求的境界。所谓"涅槃",其意思是灭或灭度,又叫圆寂。在佛教中,所谓灭或灭度是指灭除烦恼,灭除生死因果;所谓圆寂,圆者圆满,不可增减,寂者寂静,不可变坏。所以涅槃境界也就是一种烦恼断除、心性寂静、真性湛然、极乐无忧的状态。《杂阿含经》说:"涅槃是人达到彻底自由的一种精神状态,是一种决然优越于当下状态的一种生命场景。"佛教要求人们要认识世间万物的这一虚幻不实的本质,看破世间万物,转而追求永恒的存在——涅槃。

涅槃之乐,为远离各种世俗烦恼而得到的解脱之乐,唯此才能满足人趋求真常极乐之本性的真正的快乐。涅槃之乐不依赖任何外在资具及他人而生,完全自作主宰,非因缘所生的有为法,故真常不生灭,不与苦相杂,纯粹是乐,其乐超越时空,永恒常乐,而且深细绵永,其乐之大,其味之美,非世间一切非圣财所生乐所能相比,无可为喻。涅槃虽然乐,然与由因缘和合所生的乐受、世间欲乐不同,是一种超越苦乐的"无受之乐"。这种无受之乐,不藉任何刺激,不是感觉、情绪。涅槃之乐实质是追求本性自然常乐,其乐绝对的大乐。涅槃之乐更深层次的乐之所在是无限利乐度化众生的显现大用之乐、无上价值之乐、无限丰富之乐、绝对自在之乐,为真正的大乐、极乐。正所谓"不着己乐,庆于彼乐"(《维摩经·菩萨行品》)"不为自身求快乐,但欲救护诸众生。"(《华严经·十地品》)

总之,佛陀的终极关怀,是如何克服生命的痛苦,转化生命的烦恼,把生命从现实的痛苦烦恼中拯救解脱出来,使之达到永恒无限的世界,达到真善美的境域,达到理想而圆满的归宿。从广义上说佛教思想属于自然主义。正如罗尔斯顿所说:"禅学并不是人类中心论说,并不倾向于利用自然,相反,佛教许诺要惩戒和遏制人类的愿望和欲望,使人类与他们的资源和他们周围的世界适应。"[1]

2.3.2　道教的人生价值观

道教是中国的本土宗教,形成于公元 2 世纪。道教内容包罗万象,它是在中国古代鬼神崇拜观念的基础上,以黄老思想为理论依据,承袭了春秋战国以来的神仙、方术之说而逐渐形成的。道教的主要思想理论体系完善于魏晋南北朝时期,

---

[1]　罗尔斯顿:《国外自然科学哲学问题》,中国社会科学出版社,1994,第250页。

从道教的根本宗旨看,得道成仙是道教追求的最高目标。葛洪认为,得道首先意味着人对现实性的超越。这样的一种超越使得道以后的个体在时间上是永恒的,在空间上是自由的。"能修彭老之道,则可与之同功矣。"(《抱朴子·对俗》)这里的"功"具体来说就是"含淳守朴,无欲无忧,全真虚器,居平味淡。恢恢荡荡,与混成等其自然"。(《抱朴子·畅玄》)需要指出的是,这里的"自然"是玄道本身的自在状态。人超越现实性、有限性所要达到的正是这样的一种状态,无限、永恒、长生久视。可以看出,得道后个体在形体上不受时间和空间的限制,能随心所欲地在时空中遨游,逍遥自在。另一方面,得道意味着个体内心的真知足,就是说人通过修道能够分辨清楚对于个体生命来说什么是最重要的,最根本的追求。"俗人不能识其太初之本而修其流淫之末,人能淡默恬愉、不染不移、养其心以无欲、颐其神以粹素、扫涤诱慕、收之以正、除难求之思、遣害真之累、薄喜怒之邪、灭爱恶之端,则不请福而福来、不禳祸而祸去矣。"(《抱朴子·道意》)因此,得道状态意味着一种人生的高境界,"玄之所在,其乐不穷。玄之所去,器弊神逝"。(《抱朴子·畅玄》)这样的境界在个体身上表现出来,就是一种自由、逍遥、快乐的存在,意味着超越现实性与有限性而获得人生价值。

人生存在的局限性和有限性成为人生价值实现的瓶颈,突破的出路在于得道后的成仙。道教认为,为了使人能有机会完成修道,首要的一条就是要保证人的生命存在即"重人贵生"。道教十分强调生命的重要性,并把人生的价值看成是一种与其神仙追求等同的绝对价值。陶弘景说:"夫禀气含灵,惟人为贵;人所贵者,盖贵于生。生者神之本,形者神之具。"(《养性延命录》序)道教之所以把人生价值看成是一种绝对价值,不仅是因为人的生活状态是人成为神仙的一个基本条件,更是因为人的生命只有一次。"凡天下死亡,非小事也。一死,终古不得复见天地日月也,脉骨成涂土。死命,重事也。人居天地之间,人人得一生,不得重生也。"对道教来说,正是由于人生的这种唯一性及其对神仙修炼的重要性,使得人的生命变得无比宝贵,并因此也决定了人生价值在道教中的绝对性。

神仙被道教视为超越现实世界一切束缚的绝对自由的存在,是一种绝对服从于快乐至上原则的自由,是被享乐淹没了的自由。神仙就是个体生命得道以后的存在状态。神仙本身意味着人对现实性的克服,对有限性的超越。一方面,神仙形象本身也蕴含了人可以达到此种状态的途径与方式,这种途径与方式就是体玄修道。另一方面,道教所构建的神仙世界是现实世界的延伸,是诸多得道以后的个体生命按照一定的方式组成的集合体。马克思指出神的本质是人所赋予的,是人自身本质的异化。就本质而言,神仙也无非是道众企慕和向往的人格理想的神化和异化。

值得注意的是,道教在其漫长的孕育、产生和发展中铸造了肯定现世与来世双重人生价值观。这一价值观念的定型和铸造是一个复杂的整合过程。当我们的视野从道教扩展到更广阔的中国传统文化时,就会发现道教观念(以既重视现世利益又关注来世为主要内容)与传统文化的心理感受和价值观念(重生恶死)是密切关联的。中国世俗文化的生死观与道教的基本价值取向

是一致的:重生。由于中国传统文化的世俗部分在其结构中缺少对自然个体肯定的内容,而人的存在,其自然性是不可泯灭的。这样,世俗文化和宗教观念的差异性构成了需要的互补,人们在世俗文化中得不到肯定、找不到满足和宣泄的途径,就只有向宗教中寻求希望,在宗教文化中得到补偿。可以说,道教肯定现世与来世双重人生价值观正是肯定这种补偿性需求的产物。

道教的"道"已经同道家的自然无为而无不为之"道"有所不同,它已经明显人格化,成了太上老君的代名词。早期五斗米道主要秘籍《老子想尔注》中说:"一者道也",既"在天地外",又"入在天地间",而且"往来人身中","散形为气,聚形为太上老君"。又如东汉王阜《圣母碑》中:"老子道也,乃生于无形,起于太初之前,行于太素之元,浮游六虚,出于幽冥。"晋葛洪《五千文经序》说:"老君体自然而然,生乎太无之先,起乎无因,经历天地终始,不可称载,穷乎无穷、极乎无极也。"可见,老子在这里已成为具有人格的造物主,宇宙间的一切皆来自于这个太上老君。

道教是一个"善生"的宗教,其把道家的养生之道深化发展,自成体系。虽与道家有很多相同之处,但顺应物性、自然无为、虚静无争只是为达到飞升成仙,长生久视终极追求的手段。相应的,道教的人生追求更虚幻、空灵、缥缈。一方面,道教在理论上认为,万物各有其性,应该顺应物性,率性而行。如《太平经》说:"天地之性,万物各自有宜。当任其所长,所能为。所不能为者,而不可强也。"强调人应当顺应自然,遵循万物生长的本性,不能人为地施加外力,影响事物自然的发展。成玄英在《南华真经注疏》中说"唯当顺万物之性,游变化之途,而能无所不成者,方尽道遥之妙致者也。"可见,道教也强调人们应该遵循"天道无为,任物自然"的原则,让宇宙万物"任性自在",自然发展。

但是,另一方面,道教又认为"夫存亡终始,诚是大体,其异同参差,或然或否,变化万品,奇怪无方,物是事非,本钧末乖,未可一也。夫言始者必有终者多矣,混而齐之,非通理矣"。于是,道教并不是安时处顺,而是认为通过"修炼"可以超脱世间的束缚,成为神仙。《抱朴子内篇·论仙篇》对神仙的特点进行了描述:"若夫仙人,以药物养生,以术数延命,使内疾不生,外患不入。虽久视不死,而旧身不改,苟有其道,无以为难也。"在中国古语里"神"指天神所引万物者;"仙"则指老而不死者。即神是天生的,仙则是由人修炼而成的。《天隐子·神仙》谓:"人生时禀得虚气,精明通悟,学无滞塞,则谓之神。宅神于内,遗照与外,自然异于俗人,则谓之神仙。故神仙亦人也,在于修我虚气。"道教认为,虽然人的衰老、死亡是自然的,但也有例外,这个例外就是人通过积极的修道就可以超越生死,终成神仙。

为做到长生久视,道教制定了一系列人生行为模式。贯穿于这些行为模式之中的基本精神是清静无为,抱德养身。《太上老君说常清静妙经》认为:"人能常清静,天地悉皆归。夫人神好清……常能遣其欲而心自静,澄其心而神自清。"澄心遣欲之后,就能够"内观其心,心无其心,外观其形,形无其形,远观其物,物无其物。三者既悟,唯见于空"。见空还不是最高的清静境界,只有"观空亦空,空无所空。所空既空……常清静矣。如此清静,渐入真道"。这种"清静"实际上就是一种身心的完全超脱、绝对自由的境界。修道者通过对生命的内观返照,诱导身心排除功利杂

念,入于虚静状态,体悟大道,真气自然萌发,从而达到羽化登仙。

道教认为人的生命的存在是修道成仙的基础。一个人要成为神仙只有在其有生之年的修行中才能实现,因此人的生命变得极其宝贵。贵生的思想也就应运而生。在《太平经》中:"天地之性,万二千物,人命最重。"又"是曹之事,要当重生,生为第一。余者自计所为"。《抱朴子内篇·勤求卷》载:"凡人之所汲汲者,势利嗜欲也。苟我身之不全,虽高官重权,金玉成山,妍艳万计,非我所有也。是以上士先营长生之事,长生定可以任意。"

通过比较可以看出:道教继承了道家的基本人生理论,并在一定程度上深化发展。道家的"养生"在于使身心全生避害,在于尽其天年,不以人灭天,不因自己的好恶而改变事物的自然。而道教强调人的最终追求是成仙,主张"益生",即在生命存在的基础上,通过修炼,最终超越人生的有限性走向无限性,强调形神俱妙,长生快乐。

2.4 自然主义人生价值观的当代价值

自然主义人生价值观充满了对生命的关怀,人生价值的思考。在当今时代的独特价值在于,它可以启迪人们重新思考生命的本质、生存的原则、生活的态度等重大的人生问题可以启发人们珍重自己的生命,淡化名利心,保持平常心可以引导人们逐步从身外之物的束缚中解脱出来,回归生命的应然状态,过一种真正属于人的生活,拥有一个真正意义上的生命。

2.4.1 自然主义人生价值观的精神文明价值

在人类物质文明和精神文明发展过程中,两个文明不同步的情况时有发生。老子对古代文明中物质生活进步和道德水平下降的批判在今天仍具有很强的现实性。长期以来，人类在才智和物质文明方面获得极大提高的同时，在德品和精神文明方面并没有同步提高，有时甚至出现某种倒退。如物欲横流、权力膨胀、尔虞我诈、道德虚伪、心理失调、人格败落，以及战争、饥饿、瘟疫、仇恨、污染、失控，等等。在这种情况下，老子提出的"为而不争""为而不有"（第八十一章）的思想，倒是可以促使人们进行认真的反思，以起到某种救弊补偏、匡正世风的作用。为了使人们在社会物质文明进步的同时不使道德堕落，老子在提出一些消极对策的同时，还特别寄希望于有道圣人，他希望"圣人为而不恃，功成而不处，其不欲见贤"（第七十七章），即这些圣人有所作为而不占有，有所成就而不居功，并且不愿意显示自己的贤能，这样就可以扩展创造的冲动、减少占有的欲望，使人性在更高层次上向纯真朴素复归，与物质文明同步。老子描述的这种景况，在现实社会中也曾经显现一时，现在虽然时过境迁，但通过各方面的努力，"六亿神州尽舜尧"的景况应该是可以再现的。面对我国社会转型的现状，道家"为而不争"的思想倡导，对于我们加强思想道德文明建设，克服一手硬一手软的不足，促进两个文明协调发展和社会总体道德水平的提高，其价值是显而易见的。

自然主义人生价值观的精神实质是心境淡泊，超然物外。淡泊者有更高的精神追求，对身外之物的名利等能淡然处之。只有懂得自我控制欲望的尺度，使欲望正当化才不为名利所累。超然物外恰当地包含了对待"物"与"名"的合理态度，"不累于物"。"不累于物"就是主体精神提升之下的心理平衡与充实。在现实

生活中,人们精神上最大的束缚就是功名利禄,往往造成心为形役,心理失衡。嵇康在《答难养生论》一文中说:"世上难得者,非财也,非荣也,患意不足耳。"这个"意"就是心理上的平衡和充实,就是心满意足。

通过淡泊之心境,使"自在之物"化为"为我之物"。名利本是自在之物,名利的合理化对人的发展是一种促进,过度的名利欲望却是人的发展的一种阻碍。合理化地处置名利,自然就能超然物外。自在之物就是客观存在之物,为我之物就是能够实现个体自身目的之物。人以什么样的方式对待"物",这是关系人的存在的极为重要的问题。"人通过自己的活动按照对自己有用的方式来改变自然物质的形态",并"在自然物中实现自己的目的。"①"只有物按人的方式同人发生关系时,我才能在实践上按人的方式同物发生关系。"使物"按人的方式同人发生关系"②,就是人对物的主动支配,是物性对人性的趋近,从而使其从"自在之物"转化为"为我之物",人才能"按人的方式同物发生关系"。卸下"物"之重负,使主体精神得以显露。超然物外即是卸下精神的重担,人之存在,从外在看,是物质的存在从内在看,则是一种精神的存在。唐君毅曾指出:"精神所要求的是什么,就是超越在时空中的现实的身体与物质对他自己之限制束缚成为自有无限的精神,体现形上的精神实在。"③精神如何显露关键是要自觉地节制其物质生活,"真正自觉的要过刻苦生活的人,他是认清了精神之

---

① 《马克思恩格斯全集》,第23卷,人民出版社,1972,第87页。
② 《马克思恩格斯全集》,第42卷,人民出版社,1979,第124页。
③ 唐君毅:《道德自我之建立》,广西师范大学出版社,2005,第119页。

显露,只在身体欲望之限制上。限制身体之欲望,即是剥去包围精神之物质的皮。这皮愈剥去,精神愈显露,所以这种人的物质生活愈淡泊,愈自觉其精神之提高,愈自觉其精神之真实存在。"①为声名服务的手段变成了压抑、摧残生命的工具,人变成了身外之物的奴隶,人的生命失却了本来的意义。人一旦把他人当作手段和工具,也就会丧失社会价值性,此时他不再成为主体,反而同时把自己降为手段和客体。在对这些困惑的思索和解答上,自然主义人生价值观为我们提供了丰富的智慧,他们提出的"身重于物""不以物累形""物物而不物于物"的思想,警示我们要不断超越物质功利,注重提高精神生活质量,达到更加充实完美的人生境界。佛教主张自然清净本性的生活方式,坚持正常合理的欲望和追求,破除一切物欲污染,以达到身心和乐安泰。这一切对社会的道德建设和整体进步都有重要作用。"当代,四众弟子把'爱国爱教爱幸福'融为一体的修行,已经与中国社会发展和现代化建设密切地结合起来,成为社会精神文明建设的重要内容之一。"②

　　佛陀非常强调个体的义务,并把这种个人的社会义务看成是个体取得人生价值的手段和必由之路。如《杂阿含经》卷第十四中说:"比丘,当观自利利他,自他俱利、精勤修学。我今出家,不愚不惑,有果有乐……悉得大果、大福、大利。"作为人类的共同价值,佛陀把个人价值的获得与其对家庭和社会的义务结合起来。这种奉献本身即是求福的一种方法,它可以使自己取得价值上的

①　唐君毅:《道德自我之建立》,广西师范大学出版社,2005,第125页。
②　王建光:《如是我乐:佛教幸福观》,宗教文化出版社,2006,第103页。

肯定和人生的满足感。佛教所呈现的精神实质与儒家的"修齐治平"理想和"先天下之忧而忧,后天下之乐而乐"(范仲淹:《岳阳楼记》)的大丈夫情怀以及"天下兴亡匹夫有责"的个人济世理想是相契合的。正是因为佛教的这种精神价值,所以在清末民初的中国社会转型时期,许多社会改革者如章太炎、梁启超、康有为等都不约而同对佛学进行经世性改造,提出了不同形态的佛教救国济世思想。如谭嗣同从"仁为天地万物之源,故唯心故唯识"(《仁学·界说》)的理论出发,在其名著《仁学》中提出了"善学佛者,未有不震动奋勇而雄强刚猛者也"的观点。在谭嗣同看来,佛教积极入世、普度众生的精神恰是时代所需。近代佛教舍身救世的人生理想在二十世纪初期的中国曾经有着很大的影响。

2.4.2 自然主义人生价值观的生态文明价值

自然主义人生价值观可以通过人对物的合理化价值诉求,在生态伦理的视角内达成人与自然的和谐相处。先秦道家、道教和佛教都十分重视人与自然的关系,倾向于天人合一。"人法地,地法天,天法道,道法自然"(《老子》二十五章)言明了人如何顺从自然,如何做到天人合一。它以高度的概括和精辟的语言,深刻地揭示了人的先天来自自然和后天返哺自然的法则,这也正是自然主义人生价值观的生态文明价值所在。

道家哲学中所包含的丰富深刻的生态伦理思想对于重新认识道家哲学及整个中国传统哲学的内涵和意义,拓展其价值境域,克服当代的生态环境危机和各种社会危机,发展和重构现代生态伦理学乃至整个现代文明,都具有不可忽视的重要作用,值得进行深入的研究、吸取和发展。老庄道家及道教学者早就致力于对人与自然关系的深刻思考，强调人与自然须臾不可分离的联系，赋予自然以至真至善至美的含义，主张道法自然、无以人灭天以及一系列热爱自然、尊重自然和保护自然的思想，倡导与自然为友，欣赏和珍爱大自然，讴歌自然景色，抒发田园情感，体现了把开发与保护自然有机地结合起来，使自然环境真正成为人的"无机的身体""人化的自然"，使人与自然实现真正的统一的基本思想。显然，这些生态伦理思想是道家哲学所展开的重要的价值境域，是道家思想所具有的现代意义的重要表现。

在中国传统的生态伦理思想中，道家的生态伦理思想是最丰富、最与现代生态伦理学特别是现代西方的深层生态伦理观相契合的东方古老智慧。因为与各种传统的生态伦理思想相比而言，道家思想不仅提供了许多有价值的生态伦理观念，而且已能够深入到生态伦理学的基本理论层次进行思考，就有关生态伦理的哲学基础、基本原则等一系列元理论提出了许多重要思想，充分显示了中国传统生态伦理智慧的独特价值。

首先，道家生态伦理思想的基本特征之一是人与自然的和谐共生思想。这一思想是建立在关于人类与天地万物同源、生命本质统一以及人类与自己生存环境一体的意识之上的。庄子说："道通为一""天地与我并生，万物与我为一"（《庄子·齐物论》）。这种关注于一切存在的整体性的思想与现代生态学所证实的生命与生命之间的相互依存、不能脱离整体生态环境的生物圈理论在精神实质上是不谋而合的。同时，"道—万物"的宇宙生成论不仅充分肯定了万物和人类的同源同根，而且在潜意识里包含了同

源的平等性。万物之间在生命起源与本质上是平等的,这样就否定了关于人类具有特殊地位的可能性。道家关于"物无贵贱""物我同一""万物皆一"的思想,即是这种思想的体现。

　　其次,老子主张"知足""知止""去奢",告诫人们要安于自然赐予的生活,"甘其食,美其服,安其居,乐其俗"(《老子》第八十章),不要去追求过高的物质消费。"故令有所属:见素抱朴,少私寡欲,绝学无忧"(《老子》第十九章)。只有真正做到少私寡欲,减少自然资源的消耗和虚妄的消费,才能恢复人性的纯洁,使人和"道"很容易沟通并融为一体。人类开发自然应该"知足知止",在认清自然万物本身所固有的规律后,适可而止,不能贪得无厌地掠夺自然,否则会破坏自然的和谐和平衡。道家思想给予了当今的人类以巨大的启迪,对于当代环境保护意识的树立,对于合理而有节制地开发自然资源,对于建立从粗放型向集约型转变的经营机制,都具有十分重大的现实意义。再次,道家还进一步从价值观的角度提出了"尊道贵德"的伦理原则,要求人们"道法自然"。道家认为,道作为宇宙一切事物普遍的最终价值源泉,其根本体现就是德。自然万物按照道的方式存在和运行就是它们具有的道的德行。人类也一样,如果按照道的法则和自身性质去实现自己的价值,同样也是具有"同于道"的德行的外在体现。面对现代社会由于过度发展、不当开发等原因所造成的环境恶化、生态危机,人类文明必须做出文化转向的新选择,于是作为新文明路标的绿色文明初露端倪。20世纪以来,西方现代生态伦理学的形成和发展,正是这种人类新文明的重要内涵之一。因为在这种新文明观的引导下,生态问题第一次郑重地被看作是一个严肃的伦理道德问题、文化问题,乃至政治问题,成了经济学的新原则、哲学的新世界观,并导出教育思想的新规范,甚至促使宗教界革新其教谕。道家以"道法自然"的自然主义为核心的生态伦理思想及其丰富深刻的内涵和意蕴无疑为现代生态伦理道德规范的确立乃至人类新文明的重建树立了一个明确的坐标,提供了一种根本性的价值取向。

随着东方文化传统中蕴涵的丰富深刻的生态智慧及其价值日益普遍地被重新认识和挖掘,事实又一次证明了东方文化的博大精深和独特风格显然不仅是多元化世界文化的重要组成部分,而且能够在现代及未来人类新文化的构建和发展中发挥不可替代的作用。特别是东方文化传统中固有的生态智慧,使西方现代生态伦理学找到了新的视角和新的思想资源,有利于构建超越于原有的西方文明模式的新文明。生态伦理首先就是一种具有普适性的全球伦理,因此,现代生态伦理学努力寻求各种异质文化中的思想资源,肯定他者的固有价值,自是其题中应有之义。所谓现代生态伦理学的"东方转向"可以理解为现代性的展开和全球化过程的一个重要方面,因为人类社会化包括生态危机在内的一切现代性危机,实际上应该是一个在全球范围里消除不同文化的隔阂、实现传统价值范式的转型、采取相对主义文化立场、超越传统与现代以及东方与西方的简单化对峙,实现人类文明根本转型和综合创新的漫长过程。

佛教亦主张众生平等的非人类中心主义,其生态价值可见一斑。名利不是人生的目的,人生的目的应是效法天地自然之道,循依本性而生活。庄子主张变"为物所役"为"物物而不物于物"

(《庄子·山木》),主宰外物而不被外物所主宰。拼命地追名逐利,那就会带来无限的祸害与痛苦,人生就毫无价值可言了。道家早已经认识到了人是目的而不是手段。这无疑是对过分追求物欲,导致生态环境恶化行为的否定。人于外物的索取相对于外物而言否定了外物的道术,同样地,相对于人而言也是在否定自身的道术,即未有遵循自然价值取向而杂以人为。道家虽然没有像生态哲学家那样谈论生态问题,但其关于天人平等,万物均齐,顺应自然等思想既是人生价值的主张,同时也可培育人的生态文明意识。当代环保主义者、深层生态学者都从中获得了许多启发,引起了共鸣。"道家生态伦理为我们提供了一种值得珍重的伦理范例,具有它积极的资源价值和思想意义。它建立了一种真正意义上的人自平等的生态价值观和物我相融的生命存在论,揭示了人与自然之间相融则善,相'胜'反恶的伦理辩证法……当然,这并不意味着我们必须全然认同道家的生态伦理。作为一种古老的道德文化传统,道家及其思想毕竟不可能超越它固有的历史与人文的视景,其生态伦理也不可能完全成为现代社会的道德法典。"①

佛教认为宇宙万物都具有共同的本质和价值。"心佛及众生,是三无差别。"(《华严经》)虽然万物似乎有差别,但这种差别只是假象,本质上都是无常无我,自性本空。正因为众生平等,作为有思维、有理性的人类应该普度众生、泛爱万物。佛教对生命的关怀,最为集中的体现就是普度众生的慈悲心肠。尊重生命的

---

① 万俊人:《寻求普世伦理》,商务印书馆,2001,第269页。

价值,意味着尊重它们生存的权利。佛教认为,大自然有着与人类平等的价值,任何生命都值得尊重。罗尔斯顿说:"禅宗懂得如何使万物广泛协调,而不使每一物失去其自身在宇宙中的特殊意义。禅宗知道怎样使生命科学与生命的神圣不可侵犯性相结合。"阿尔贝特·史怀泽提出的生命伦理学的理论基础就是将生命关怀的范围从人扩展到一切生物,敬畏一切生命。

2.4.3 自然主义人生价值观的政治文明价值

中国古代政治明确以黄老为治者只有汉初,其后各朝代虽在名义上皆尊尧舜周孔,但在实质上仍离不开老庄,并以老庄作为儒家纲常礼教的一个重要补充。在国家社会的管理问题,亦即治天下的问题上,统治者一般都采取"有为"的方式治天下。他们往往打着"有为"的幌子,表面上是为国为民,实质上是逞其私欲、膨胀权欲、满足贪欲,这种不能顺应万物之理、百姓之性、自然之道的"有为"便成了"妄为"。老子指出,"民之饥,以其食税之多,是以饥;民之难治,以其上之有为,是以难治"(第七十五章),对此,他提出了"处无为之事,行不言之教"的无为而治思想。道家的"无为"表面上看与"有为"相左并具消极色彩,但它在实质上是建立在对统治者"有为"弊端的批判基础上的,其"无为"并不是"不为",而是超越"有为"而达于"无不为",它是被历史和现实证明了的另一种治国平天下的政治智慧。在国家社会的具体管理分工上,根据老子"无为而无不为"的思想,统治者也不应事事亲为,而应明确分工、各得其所、顺乎众性、借众治国。现代管理的一大弊端就是上下脱节、不注重协调上下级关系和同级各部门关

系以及调动众人的积极性。这就要求对领导者有所限制,使之确立一定的分工,并减少对民众的干预。要君道俭约、臣道守职、政尚简易、少扰少令,使百姓休养生息,让社会保持安宁。要有"不为"之自觉、"不争"之美德,要"以百姓心为心""损有余而补不足"(第四十九章,第七十七章)。只有这样,才能做到"顺物自然"而达于"天下治焉"。可见,道家的"无为而治"思想不仅对古之治国有借鉴意义,而且对现代政治中克服某些脱离实际、违逆物理人性的"有为",实现国家社会的有效治理,具有十分重要的借鉴意义。

2.4.4 自然主义人生价值观的可持续发展价值

道家"天人合一"的思想虽然和儒家有某些共同的地方,但道家更强调人类来自于自然之天,强调人类以自然之天为生存的依托,二者息息相关,人应当爱护自然资源和环境,不可破坏天人之间的和谐。正如道教经籍《西升经》所称"道非独在我,万物皆有之",所以世间万物互相依存,不可分离,由此体现"天地与我同根,万物与我同体"。道家还主张"任物自然""因应物性",让所有的自然物"自足其性",使生物的多样性得以维持,这实际上已体现了"天人合一"的系统性生态观,这是人类赖以存在和持续发展的基础。当今世界,伴随工业革命以来经济的发展,我们所居住的这个地球正面临资源锐减惊人、环境污染严重、物种消失加快、持续发展堪忧的严峻挑战,在这种情况下,道家所展示的洞天福地美景,流传的有关洞天福地时空隧道的传说,使人们为之心驰神往,也激励人们去创造一种大自然与人和谐相处的美好生态环境，以促进人类社会协调持续地向前发展。

中国现在的生存和发展置身于自己长期形成的生态传统之中，即使人们忽视它的存在，它依然会或者明显，或者潜在地产生其影响和制约作用。而正视这个传统，则有利于我们将其合理因素作为一笔宝贵的资源来使用，并自觉消除其消极影响，从而推动人与自然关系重归和谐。作为拥有世界面积7%，世界人口的20%的发展中大国，中国的可持续发展是全球可持续发展的事业的一个非常重要的组成部分。中国接受了联合国在环境与发展大会上提出的可持续发展观，并依照《21世纪议程》编制了作为行动方针的《中国21世纪议程》，而且在以务实的行动积极推进中国和全人类可持续发展。但是，我国现行的可持续发展实践及其效果说明，我们的可持续发展道路在一定时期内并未真正摆脱西方的传统模式，我们的发展观还存在着严重的片面性。我们追求的是西方以工业化为基础的现代化道路，而且是一种赶超型的现代化，环境保护只不过是服务于现代化的目标工具而已，因而必然导致"边发展，边污染，边发展，边破坏"。总的形势当然是破坏多治理少，治理赶不上破坏，局部有所改善，而整体继续恶化。长此下去，我们的经济增长成就会被环境灾难和由此产生的社会代价所抵消，甚至经济本身也因失去生态环境和社会环境的支撑而无法继续增长了。因此，我们应该继承与完善道家思想中有关生态伦理的合理因素，将天人合一的价值观与认识和掌握自然生态规律的工具理性结合起来，以新的生态伦理观来全面探索适合于中国可持续发展的生产技术方式。拯救养育了人类和所有生命的大地母亲并使其重返青春，是今天全人类面临的重大使命和

严峻挑战。由于近代以来人类的极端自私,贪婪和无知,使地球生物圈正处于瓦解的危机之中。人类要能够担当起拯救大地母亲的这一历史重任,就必须利用所有的文化资源,以弥合自己的知识,道德,力量与承担这一历史重任之间的差距。道家思想作为人类文明中较悠久,完整,深刻的传统,是东方生态伦理传统范式的典型。尽管这个传统随着人类文明的进步而显示出其严重的局限性,但是它在价值观,生态道德规范和思维方式等方面,至今依然具有深刻的合理因素。今天,我们深入地,系统地研究这个传统,继承与弘扬它的合理因素,摒弃其落后的方面,并且在现代知识的背景下来重建这个传统,就是从历史中吸取力量,也就是从文明之根源处吸取力量。这个在现代文明的知识背景中重建起来的新的生态伦理观,不仅有助于中国创造性地发挥自己"天人合一"的传统,推动自己的可持续发展事业,而且也将有助于世界避免工业文明跌入生态毁灭的混沌,引导人类走向未来人与自然和谐共生,协同进化的绿色文明。

2.5　本章小结

以老庄为代表的先秦道家以自然无为的思想逻辑主线为切入点,把人生价值看作是一个效法自然的过程。他们提倡重身贵生,顺应自然,对人的生命进行积极关怀;提倡淡泊名利,宠辱不惊,追求人的精神愉悦和自由;提倡不悦生恶死,超然面对死亡,让人不拘泥肉体的束缚而获得自由和快乐。魏晋乱世,士人对传统价值标准和信仰追求由怀疑到否定,并进而形成了玄学。魏晋玄学家的人生价值观以其畅性情之自然、重生命之长久、贵精神之自由、尚行为之放达的基本价值取向诠释了对"名教"反思后的一种自然论,对整个魏晋时期的生活方式和以后的各个生活领域产生了深刻的影响。承接老庄和玄学,佛教和道教的人生价值观或主张得道成仙或主张涅槃归真,也逐渐成为人们聊以自慰的精神寄托。自然主义人生价值观对建设社会主义和谐社会具有重要的价值启示。

3 道义论人生价值观

　　先秦儒家的人生价值观十分注重精神维度,是典型的以道德理性满足为人生价值的道义论。在汉初,董仲舒为了封建王权的稳定以"天"为逻辑起点,以纲常为标准,为人们建构了一整套追求秩序之美的人生价值体系。其人生价值观是先秦儒家道义论人生价值观的进一步发展,在重视个人以道德理性满足为人生价值的同时,更加强调社会秩序所给予人之价值的重要性。较之先秦儒家的人生价值观更加注重道德理性,并更加轻视功利价值。因此,汉儒董仲舒的人生价值观实质是以恪守纲常道德为途径,以追求秩序之美为乐的道义论。宋明理学家片面深化了先秦儒家以道德理性满足为乐的道义论,把"孔颜乐处"看作是唯一的人生价值目标。伴随着对"天理流行"的"醇儒"境界的片面追求,其人生价值观彻底走向了纯粹的道义论。宋儒提出了"存天理,去人欲",彻底否定了物质、感性维度的快乐和价值,使人生价值的内涵只剩下了道德理性的单维。早期启蒙思想家是在对宋明理学家人生价值观批判的基础上展开的,他们以人性的自然平等理论为基础,论证了物质感性维度价值的合理性和必要性,重构了以重欲、贵利、尚私为取向的多维度均衡道义论人生价值观。

3.1 先秦儒家的人生价值观

春秋战国是我国社会由奴隶制转变为封建制的大变革时期。社会的剧烈变革对学术文化提出了一系列要求,加上士阶层的形成和统治者的提倡,许多学派纷纷适时出现,形成了百家争鸣的局面。因此,春秋战国这个大动荡的时期,被称之为"轴心时代"的历史分界线。雅斯贝斯说:"不寻常的事件大多集中在这一时期。在中国生活着孔子和老子,中国哲学的所有流派都出现了,包括墨翟、庄子、列子和其他各家学派。"①先秦儒家的人生价值观内容十分丰富,我们这里主要通过义利、理欲、理想人格和理想社会等方面对其人生价值观的物质维度、精神维度、个人维度和社会维度进行探讨。但整体上讲,基于维护新兴地主阶级的利益需求,先秦儒家人生价值观的各个维度中都十分强调以道德理性的满足为基本价值,属于道义论人生价值观的范畴。

3.1.1 义利

在义利关系上,儒家把义放在首位。认为求利活动应受义的制约,主张重义轻利,先义后利,利以义生,以义统利。先秦儒家的孔子、孟子、荀子都崇尚义,但也不完全反对利,他们都主张维护老百姓的适度的利益。但强调要用一定的道德规范来调整人们的物质欲望。

儒家众经之首《周易》指出:"利者,义之和也……利物足以和

---

① 雅斯贝斯著,魏楚雄、俞新天译:《历史的起源与目标》,华夏出版社,1989,第8页。

义。"(《周易·乾·文言》)义和利是统一的、相互促进的。仁义、正义等道德行为必然给人带来利益、好处;得到利益好处的人更尊崇、践履道义。人们首先必须吃喝穿住,然后才能从事政治、文化、教育等活动。作为我国古代大思想家、大教育家、大政治家的孔老夫子,也不能不受这个规律制约。孔子主张"有教无类",把教育由官府传播到民间,开创了平民教育的新时代。但他说:"自行束修以上,吾未尝无诲也。"(《论语·述而》)必须送上几束干肉作学费,才能当他的学生,接受他的教诲。原因很简单,老师教育学生必须填饱肚子。可见,讲义,是不能离开利的。礼义一开始,就同饮食男女、生存发展密不可分。正如《礼记·礼运》所说:"夫礼之初,始于饮食","饮食男女,人之大欲存焉","故礼义也者,人之大端也,所以讲信修谋,而固人之肌肤之会,筋骸之束也。"(《礼记·礼运》)孔子是崇尚义的,认为义是最可尊贵的。《礼记·中庸》讲:"义者,宜也。"宜是应当、正当,是指人们的思想行为要适度、有分寸,要合乎当时当地的实际情况和行为规范。而任何行为规范都要受当时当地经济、政治、思想文化的制约。所以,义也不是抽象的、无条件的,而是具体的、有条件的。

　　孔子以义为人立身之本、处事之则和理政之要,他说:"君子喻于义,小人喻于利。"(《论语·里仁》)孔子的弟子子路说:"不仕无义……君子之仕也,行其义也。"(《论语·微子》)孔子要求,"义"这种行为的最高标准要体现在"礼""信"中。孔子对要做莒父宰的子夏说:"无欲速,无见小利。欲速,则不达;见小利,则大事不成。"(《论语·子路》)孔子认为,"放于利而行,多怨"(《论语·里仁》),事事都依据个人利益而行动,会招致很多怨恨。孔子强调:"君子义以为质,礼以行之,孙(逊)以出之,信以成之。君子哉!"(《论语·卫灵公》)以义作实质内容,把礼敬、谦逊、诚信看作君子做人的根本。智、仁、勇为儒家的"三达德"(《中庸》)。在子路问君子是否尚勇时,孔子说:"君子义以为上。君子有勇而无义,为乱;小人有勇而无义,为盗。"(《论语·阳货》)孔子安贫乐道,他并不是不想富贵,"富而可求也,虽执鞭之士,吾亦为之。如不可求,从吾所好"。(《论语·述而》)在讲到仁义与富贵(政治利益与经济实惠)的关系时,孔子的态度非常明确:"富与贵,是人之所欲也,不以其道得之,不处也;贫与贱,是人之所恶也,不以其道得之,不去也。君子去仁,恶乎成名?君子无终食之间违仁,造次必于是,颠沛必于是。"(《论语·里仁》)这里的"仁"是"义"的内容,是儒家的最高道德规范;"道"是指得富贵、去贫贱的途径、方法要得当,要符合仁义。得富贵,去贫贱,都不能离开道、离开仁义道德,君子时时事事都要以仁义道德作为做人行事的标准。孔子说:"见利思义,见危授命,久要不忘平生之言,亦可以成人矣。"(《论语·宪问》)看见财利便想起该不该得到,遇到危险能献出生命,经过长久的穷困日子还不忘记平日的诺言,也可说是"完人"即少缺陷或无缺陷之人了。孔子在评论郑国子产时说:"有君子之道四焉:其行己也恭,其事上也敬,其养民也惠,其使民也义。"(《论语·公冶长》)子产有四个方面即恭、敬、惠、义合乎君子之道。四者不仅是指个人的修身做人"行己也恭",而且处理上下级关系时"事上也敬",养民要给予实惠即使民众得到实际利益,使用民众要合乎道义。这实际是讲经济实惠利益和道德仁义之统一,也体现了孔子的民本主义思想。孔子说:"邦有道,谷;邦

无道,谷,耻也。"(《论语·宪问》)国家政治清明,做官领薪俸,心安理得;国家政治黑暗,做官领薪俸,就是耻辱。孔子自己对富贵与仁义关系的态度是"饭疏食饮水,曲肱而枕之,乐亦在其中矣。不义而富且贵,于我如浮云"。(《论语·述而》)要富贵,但一定要符合仁义;对于不正当手段得来的富与贵,如浮云过眼。

孟子认为,仁是人之安宅,义是人之正路,礼是入仁义之门。在"义"与"利"的关系上,孟子首先考虑的是义这一行为道德规范,其次才是财富一类的物质利益。他讲的利益主要是民众的利益。孟子在回答梁惠王"王何必曰利,亦有仁义而已矣"之后,又说"苟为后义而先利,不夺不餍",大夫不夺取国君的财产,是永远不会满足的。国君、大夫、士、庶人"上下交征利,而国危矣"。(《孟子·梁惠王上》)大臣们都要满足自己的私欲,就会夺取国君产业,就要篡夺君位,国家就危亡了。显然,孟子是反对追求私利的,而首先强调的是仁义的价值。但不能由此理解为孟子不讲利,不讲物质利益。在讲到治国理民之道时,孟子说:"民事不可缓也","民之为道也,有恒产者有恒心,无恒产者无恒心。苟无恒心,放辟邪侈,无不为已。"(《孟子·滕文公上》)"是故明君制民之产,必使仰足以事父母,俯足以畜妻子,乐岁终身饱,凶年免于死亡;然后驱而之善,故民之从之也轻。"(《孟子·梁惠王上》)在这里,孟子已经探讨到民众"恒产"与"恒心"的关系、经济生活与思想道德的关系。有无恒产是有无恒心的基础,没有恒产便没有恒心,各种乱子就出来了。民之产可以赡养父母、哺育妻子、丰衣足食,凶年也不至冻饿而死,然后才能驱使老百姓学习礼仪、遵守道德、施行善事。

孟子的"制民之产"思想,一方面表现了他为民众争利益和"民为贵,社稷次之,君为轻"(《孟子·尽心下》)的民本思想;另一方面又是和他的与霸道相立的王道主张联系在一起的。他说:"五亩之宅,树之以桑,五十者可以衣帛矣;鸡豚狗彘之畜,无失其时,七十者可以食肉矣;百亩之田,勿夺其时,数口之家可以无饥矣;谨庠序之教,申之以孝悌之义,颁白者不负戴于道路矣。七十者衣帛食肉,黎民不饥不寒,然而不王者,未之有也。"(《孟子·梁惠王上》)他还说:"易其田畴,薄其税敛,民可使富也。食之以时,用之以礼,财不可胜用也……圣人治天下,使有菽粟如水火。菽粟如水火,而民焉有不仁者乎?"(《孟子·尽心下》)所以孟子的结论是"不信仁贤,则国空虚;无礼义,则上下乱;无政事,则财用不足"。(《孟子·尽心下》)

我国农耕社会的人际关系主要是君臣、父子、兄弟、夫妇、朋友五种人伦关系。孟子从人性善视角提出人人皆有之的恻隐、羞恶、辞让、是非"四心","四心"为仁、义、礼、智道德之"四端",为他的仁政学说提供思想依据。他认为,君臣、父子、兄弟等人伦关系,是不能去除仁义"怀利以相接"的。他说:"为人臣者怀利以事其君,为人子者怀利以事其父,为人弟者怀利以事其兄,是君臣、父子、兄弟终去仁义,怀利以相接,然而不亡者,未之有也……为人臣者怀仁义以事其君,为人子者怀仁义以事其父,为人弟者怀仁义以事其兄;是君臣父子兄弟去利,怀仁义以相接也,然而不王者,未之有也。何必曰利?"(《孟子·告子下》)在实际生活中,义与利本来是统一的。孔子和孟子的义利观,基本上是主张"贵义重利""见得思义"或"取利于义"的,不是重义轻利,更不是贱利

或者否定利的。在孔子的思想体系特别是伦理道德学说中,仁处于核心地位,孔子也特别强调仁、义、礼等道德规范在人们"修齐治平"中的作用。"志于道,据于德,依于仁,游于艺"(《论语·述而》)"隐居以求其志,行义以达其道"(《论语·季氏》),孔子认为行义、好义才能"达其道"。"夫达也者,质直而好义,察言而观色,虑以下人,在邦必达,在家必达。"(《论语·颜渊》)他说:"志士仁人,无求生以害仁,有杀身以成仁。"(《论语·卫灵公》)在物质利益和仁义之间发生尖锐矛盾时,强调"以义为上""杀身成仁"。孟子继承和发展了孔子的"以义为上""杀身成仁"的观点,明确提出了"舍生取义"的人生价值观。他说:"生亦我所欲也,义亦我所欲也,二者不可得兼,舍生而取义者也。生亦我所欲,所欲有甚于生者,故不为苟得也;死亦我所恶,所恶有甚于死者,故患有所不避也。"(《孟子·告子上》)在"生"与"义"两种欲望不可兼得需要做出选择时,孟子主张以义为重,舍生也要取义。明代的黄宗羲倡导"不以一己之利为利,而使天下受其利;不以一己之害为害,而使天下释其害",这些思想所体现的义利观,可以说是儒家伦理道德的最高境界。儒家所争之利是天下受其利即公利,是"天下为公",而绝不是一己之利,即私利。

　　荀子是先秦儒家思想的集大成者,主张义与利为人之两有,以义克利。他说:"义与利者,人之所两有也。虽尧舜不能去民之欲利,然而能使其欲利不克其好义也。虽桀纣亦不能去民之好义,然而能使其好义不胜其欲利也。故义胜利者为治世,利克义者为乱世。上重义则义克利,上重利则利克义……从士以上皆羞利而不与民争业,乐分施而耻积臧(藏)。然故民不困财。"(《荀子·大略》)既然义与利为人之两有,古代无论圣君、暴君,都不能让民众去好义和去欲利,但在上者却可使两者在矛盾斗争中使自己喜爱的一方获胜,出现"上重义则义克利,上重利则利克义"的局面。荀子主张从天子到士皆羞利而不与民争业争利,"乐分施而耻积臧,然故民不困财"。"乐分施而耻积臧"实际是博施于民而能济众,民众就不会为财所困。荀子主张"以义制利""先义后利""正义""正利"。他说:"先义而后利者荣,先利而后义者辱;荣者常通,辱者常穷;通者常制人,穷者常制于人;是荣辱之大分也。"(《荀子·荣辱》)"论法圣王,则知所贵矣;以义制事,则知所利矣。论知所贵,则知所养矣;事知所利,则动知所出矣。二者,是非之本,得失之原也。"(《荀子·君子》)什么是"事",什么是"行","正利而为谓之事,正义而为谓之行"。(《荀子·正名》)这里的"正利",应该是应得之利;"正义"则是应为之行,也就是应做之事。

荀子在《富国篇》中,论述了富国裕民利民之道,他说:"足国之道,节用裕民,而善臧其余。节用以礼,裕民以政……故知节用裕民,则必有仁义圣良之名,而且有富厚丘山之积矣"。不仅要有仁义圣良之名,而且要有堆积如丘之财富。荀子还专门论述了统治者利民爱民用民的关系:"不利而后利之,不如利而后利者之利也。利而后利之,不如利而不利者之利也。爱而后用之,不如爱而不用者之功也。利而不利也,爱而不用也者,取天下矣。利而后利之,爱而后用之者,保社稷也。不利而利之、不爱而用之者,危国家也。"(《荀子·富国》)给民众带来利益和从他们身上获取利益、爱护民众和役使他们之间关系如何处理,是关乎平天下、保

社稷还是危国家的重大问题。荀子的主张是给民众利益而不是从他们那里获取利益，或者给民众利益后再从他们那里获得利益，爱而后用或爱而不用，以平天下、保社稷。

众多史料证明，先秦儒家学者并不简单排斥、否定利。孔子曾说："富与贵，是人之所欲也。"（《论语·里仁》）甚至还表示："富而可求也，虽执鞭之士，吾亦为之。"（《论语·述而》）他又曾说："因民之利而利之"（《论语·尧曰》），这就更明确肯定了利的正当。孟子也曾讲过与孔子类似的话："富，人之所欲"；"贵，人之所欲。"（《孟子·万章上》）甚至对王侯们的"好货"诸欲，他也不简单否定，认为只要"与百姓同之"，便不妨碍施行"王政"（《孟子·梁惠王下》）。先秦儒家一方面承认利为"众人所同欲"，一方面又强调"人无利直是生不得"，人们对于利要有正确态度，求利要通过正当的手段，对于处理利益关系要有正确的原则。这也就是说，物质需要虽是基础价值，但却不是最高价值、唯一价值。个人利益必然要受制于一定社会准则，又是必须被超越的。荀子指出，"食欲有刍豢，衣欲有文绣，行欲有舆马，又欲夫余财蓄积之富"乃是"人之情"。甚至，"贵为天子，富有天下"，也"是人情之所同欲也"。（《荀子·荣辱》）而且，这种欲望是永无满足之时的。可是，要想人人皆满足这些欲望，却是"势不能容，物不能赡"的。因不能满足；则势必要发生争夺、斗争，而争斗的结果，势必要造成社会的无穷纷争与混乱，社会终将瓦解。为避免这种结局，就不能不对人们的欲求做合理节制，对人们的利益关系做必要的规范，制定必要的准则，对人们的求利之心做正确的引导。荀子说："人生而有欲，欲而不得，则不能无求，求而无度量分界，则不能不争。争则乱,乱则穷。先王恶其乱也,故制礼义以分之,以养人之欲,给人之求。"(《荀子·礼论》)求利离不开义,只有以义为指导,才能使社会全体成员的利益皆能得到相对合理的解决。

在先秦义利之辨中,义为善,但利也不等于恶,人们对此有一个选择问题。以义为最高价值选择的为君子,以利为最高价值选择的为小人,所以义利并不是截然对立的关系,而属于价值的选择关系。在先秦儒家看来,既然人生价值有利的层次和义的层次,就有一个选择问题。义乃是处理人与人之间利益关系的准则。人们如果都背义而求利,乃是取乱之道,如此则人类社会将不堪设想。孔子在讲"富与贵是人之所欲也"之后,紧接着说:"不以其道得之,不处也"。(《论语·里仁》)这里的道,即是义。荀子也曾说:"好利恶害,是君子、小人之所同也,若其所以求之之道,则异矣。"(《荀子·荣辱》)这个异,便是有人从义出发,有人从利出发。在儒家看来,求利固是人的本能,但仅按本能去求,尚未脱禽兽境界,只有循道义而求,才是具有道德理性的人。荀子说:"义则不可须臾舍也。为之,人也;舍之,禽兽也。"(《荀子·劝学》)也正是在这个意义上孔子说:"君子喻于义,小人喻于利。"(《论语·里仁》)在这里孔子明确指出君子以义为最高选择,小人以利为最高选择。孟子在两种不可得兼时,会舍生取义,就高舍低。

先秦儒家要求人们面对利益首先应考虑它是否符合于义,以决定取舍。这便是"见利思义"(《论语·宪问》),"见得思义"(《论语·季氏》),"居利思义"(《左传》昭公二十八年)。凡符合

于义的正当之利方可取,做到"义然后取"(《论语·宪问》),"先义而后利"。(《荀子·荣辱》)。而当个人私利与道义发生矛盾冲突时,则应"不顾其利"(同上)。简言之,正确的态度和做法是"当取而取","无以利害义"(《荀子·法行》),"见利不亏其义"(《礼记·儒行》),"非其义不受其利"。(《吕氏春秋·离俗览》)总之,对于利一定要依义而决定取舍。孟子曾两次形象地说:"义,人路也"(《告子上》);"义,人之正路也。"(《离娄上》)这些都是说,义乃是人们必须遵循的人生价值准则。

总之,先秦儒家既肯定利,又严厉谴责以不正当的手段取利。可见,先秦儒家并不简单认为利益与道义是对立的,而只是认为不正当的利与道义是对立的。儒家辨义利,所讨论的并不是要不要利的问题,而是以何种手段、方式实现利的问题。如何实现利?以儒家为代表的重义派思想家主张,人们应从义出发,在义的指导下得利。这便是所谓"义以导利"(《国语·晋语四》)、"以义而致利"。(程颢、程颐:《河南程氏外书》卷六)

3.1.2 理欲

利与义是先秦儒家探讨的价值范畴。在深入探讨义利关系时,作为价值主体的人不可规避。欲与理关系探讨更集中地体现了先秦儒家人生价值观的物质维度与精神维度。先秦儒家对欲的探讨自然不能离开理,尽管他们不像宋明时期讲理欲之辨,但先秦时期的人性论和义利观中已然交叉内涵了其理欲关系。

理欲关系是中国传统哲学的重要范畴,也是中国传统伦理学的重要论题。春秋战国时期的百家争鸣,就包括理欲关系的争论。当时的儒、墨、道、法各家在这个问题上都提出了自己的富有特色的看法。其中以孔子、孟子和荀子为代表的儒家理欲观最具东方社会的特色和代表性。

孔子理欲观比较简单,他甚至没有使用"理"的概念,而是用仁、义、礼等概念代替"理"概念以与"欲"相对应。他不反对人的欲望追求,他说,"富与贵,是人之所欲也",且说"富而可求也,虽执鞭之士,吾亦为之"。不仅如此,他还将让百姓富起来作为治国安邦的主张。但是他反对不受限制地放纵个人的欲望,强调必须遵循的仁、义、礼等规范,就是用来制约"欲"的。他提出"克己复礼""见利思义""义然后取"等等,都是强调把个人的欲求限制在社会规范允许的范围内。他讲:"己所不欲,勿施于人","己欲立而立人,己欲达而达人",强调以他人利益作为个人欲望实现的限界。既考虑个人的利益又考虑他人的利益,如此,个人的欲求才是好的;否则,是不好的,应该加以克制。在孔子看来,礼义是较之物质生活欲求更高的价值追求,他讲"不义而富且贵,于我如浮云"。他认为一个人为了实现自己的崇高道德理想,甚至可以牺牲自己的生命。"志士仁人,无求生以害仁,有杀身以成仁。"孔子强调以社会规范和他人正当利益制约个人的欲望要求,以及重视道德精神生活价值的理欲观,有利于人格尊严的培养,人际关系的和谐与社会的发展进步。无疑是很有价值的。

孟子对人的欲望也是肯定的。如他强调"制民之产",认为"必使仰足以事父母,俯足以畜妻子,乐岁终身饱,凶年免于死亡,然后驱而之善,故民从之也轻"。如果老百姓连肚子都填不饱,那么"此惟救死而恐不赡,奚暇治礼义哉?"但作为前提的东西,不一

定是第一重要的东西。和孔子一样,孟子也强调精神生活的崇高价值。他认为一个人如果仅仅追求吃饭穿衣就没有价值了,"饮食之人,人贱之矣,为其养小以失大也","饱食暖衣而无教,则近于禽兽"。在孟子看来,人的道德精神生活追求比财富爵位甚至比生命还可贵。他说:"鱼,我所欲也,熊掌,亦我所欲也,二者不可得兼,舍鱼而取熊掌者也;生,亦我所欲也,义,亦我所欲也,二者不可得兼,舍生而取义者也。""舍生取义"与孔子讲的"杀身成仁"相媲美,被认为是最重要的孔门垂训。孟子同样强调以不伤害他人利益作为"欲"的限界,讲过与"己所不欲,勿施于人"相类似的话。如讲:"可欲之为善",汉人赵岐注:"己之可欲乃使人欲之,是为善人"。又如讲:"无为其所不为,无欲其所不欲",赵岐注:"无使人为己所不欲为者,无使人欲己之所不欲者"。孟子从修身养性的角度提出"寡欲"说,他说:"养心莫善于寡欲,其为人也寡欲,虽有不存焉者寡矣。其为人也多欲,虽有存焉者寡矣"。并认为人的欲望寡浅才能保存住善良的本性("存心"),多欲则会丧失掉善良的本性("放心")。其意与"淡泊明志""玩物丧志"差不多。孟子还讲过:"先立乎其大者,则其小者不能夺也",强调要牢固树立起心志操守,不为口腹耳目之欲所累而"蔽于物"。孟子为深入探讨理欲关系问题还提出了"性命之说"。他讲:"口之于味也,目之于色也,耳之于声也,鼻之于臭也,四肢之于安逸也,性也,有命焉,君子不谓性也;仁之于父子也,义之于君臣也,礼之于宾主也,知之于贤者也,圣人之于天道也,命也,有性焉,君子不谓命也。"在孟子看来,口、目、耳、鼻、身等感官之欲,虽说是人的自然本性,但人们不应将它们看成是不受外界因素制约的东西。

而对于像实践仁、义、礼、智、道等理性规范,虽说受外界因素的影响和制约,但人们却应该将它们看成是人的本性而习惯乐行。从而导引人们更加重视精神生活追求,并使先秦理欲观增加了理论思辨的色彩。

荀子的理欲观较之孔、孟有了更丰富的内容,且显得更具理论色彩。荀子认为情欲是人的本性,"故虽为守门欲不可去",但人的情欲也不可能完全实现,"虽为天子,欲不可尽"。他又讲:"欲虽不可尽,可以近尽也;欲不可去,求可节也。"人们如果按照"道"行事,就进可以近于尽欲,退可以节其所求,"道者,进则近尽,退则节求,天下莫之若也"。所以他认为对于不可去也不可尽的欲,必须加以引导而不能压抑,提出所谓"以理导欲"说。他讲:"凡语治而待去欲者,无以导欲而困于有欲者也;凡语治而待寡欲者,无以节欲而困于多欲者也。"他不赞成治理国家必须去欲、寡欲的主张,提出"心之所可中理,则欲虽多,奚伤于治……心之所可失理,则欲虽寡,奚止于乱?"就是说国家治乱与多欲寡欲无关,而在于能否做到"以理导欲"。所谓"以理导欲",就是将人们的欲望要求纳之于礼义规范。他说礼义和情欲(亦即"利")虽为"人之所两有",但"一之于礼义,则两得之矣;一之于情性,则两丧之矣"。荀子关于理欲问题的贡献还在于他提出了"养人之欲,给人之求"的礼义道德起源说。他讲:"人生而有欲,欲而不得,则不能无求,求而无度量分界,则不能不争。争则乱,乱则穷。先王恶其乱也,故制礼义以分之,以养人之欲,给人之求。使欲必不穷乎物,物必不屈于欲,两者相持而长,是礼之所起也。"礼义道德不是压制人的欲望要求的,而是"养"人的欲望要求的。但对于不恰当的、过分的欲求则必须要有礼义道德来调节。他认为,正是用礼义道德来调节人们的利益欲求,人们才能做到"群居和--""多力胜物"。荀子从更广泛的社会生活视野论述了理欲关系,对孔孟的思想有所补充和发展,其论说具有更大的普遍意义。

先秦儒家谈理欲与义利相交融,表现出"以利从义"或"重义轻利"的特征。对此历来有不同的评价。有人批判、否定这种道德价值观念,认为它似乎在抹杀个人利益,提倡禁欲主义。实际上所谓"以利从义"或"重义轻利"并不是不要利,只是在道德价值系列上把坚持道义原则放在个人功利的前面,这在道德生活中应该说是一种值得提倡的道德价值选择。在批判儒家倡导的"以利从义"或"重义轻利"的道德价值观时,一些人常爱引用孔子的"君子喻于义,个人喻于利"和孟子的"王何必曰利",认为这些命题是绝对错误的。其实所谓"喻于义""喻于利"不过是指一个人行为处事是着眼于社会道义,还是着眼于个人私利? 这种道德思想境界的差异在任何社会都是一个客观事实。作为道德家和教育家的孔子,把它尖锐地提出来,警戒他的学生们不要做见利忘义、唯利是图的人,不仅是很自然的而且是非常应该的。孟子讲"何必曰利?"也是针对当时从国王、卿大夫到士、庶人的"上下交征利"而发的。这一点后人曾论及。如明清之际思想家颜元讲:"孟子极驳利字,恶夫掊聚敛者耳。"这种讲法是公允的。可见,认为先秦儒家倡导以利从义、以理导欲就是将义与利、理与欲对立起来的论点是不妥当的。明清之际思想家王夫之在《读四书大全说·孟子》中曾指出:"孟子承孔子之学,随处见人欲,即随处见天理。"这一评估应该说也是颇为中肯的。

毫无疑问,先秦儒家的理欲观在历史上为封建统治阶级所利用,有其历史的、阶级的局限性。但是它对人的欲望的探讨和肯定反映了社会历史的进步。强调以欲从理、以理导欲,重视道德精神生活,不仅为当时社会生活实践之所需,而且反映了人类对主体意志自由与外部客观条件制约关系的认识之不断深化。从文化发展史的视角看,它继承了比它更古老的历史文化传统,并为以后历代理欲观的形成发展奠定了思想理论基础。两千多年来,以欲从理、以理导欲、理欲统一成为中国哲学、伦理学史上和实际生活中占统治地位的理欲观,是同先秦儒家理欲观的影响分不开的。

首先,先秦儒家对欲持肯定态度。人欲或私欲的存在是一个不争的客观现实。《礼记》说:"饮食男女,人之大欲存焉。"先秦儒家普遍认为"欲"是一种很自然的存在,是人性不可缺少的属性。"欲生于性。"(《郭店楚墓竹简·语丛二》)只要是人,有人性,当然就会有"欲"。孔子说:"富与贵是人之所欲也。"(《论语·里仁》)孟子说:"欲贵者,人之同心也。"(《孟子·尽心下》),他们都肯定了个人欲望是人性的内在本质之一。孟子主张性善,而"欲"又是"性"的属性,所以"欲"当然也是善的。按照这个逻辑再向前推论一步,如果说"善"代表"天理"的话,那么"人欲"也就是"天理"了。正如恩格斯在《费尔巴哈和德国古典哲学的终结》里指出的那样,"正是人的私欲……构成了历史发展的杠杆"。其实"人欲"正是人类生生不息的根本动力,人类进步的历史就是不断以合理公正的方法来满足"人欲"的历史。荀子尽管主张性恶论,但他也认为欲望是人的生理本能,对声色的需求与满足是人

性独有的本质。荀子也说："人生而有欲"(《荀子·礼论》)，"凡人有所一同：饥而欲食，寒而欲暖，劳而欲息，好利而恶害，是人之所生而有也，是无待而然者也，是禹桀之所同也。"(《荀子·荣辱》)他也反复强调"欲不可去"，"欲"是"情之所必不免"。他认识到不管怎样"化性起伪"，这个"欲"终究是去不掉的。所以荀子没有提出"灭人欲"的思想，只是提出了"道欲"和适当"节欲"的主张。

其次，先秦儒家在肯定人的欲望合理性的同时，也注意到了人的欲望的多样性、层次性。一方面他们肯定人的欲望有共同之处，"口之于味也，有同耆焉；耳之于声也，有同听焉；目之于色也，有同美焉"(《孟子·告子上》)；另一方面，他们也看到"五方之民，言语不通，嗜欲不同"(《礼记·王制》)，人们的欲望也存在着多样性的差异。不同的人对某种欲望的或有或无，或强或弱，以及何种欲望应当优先满足，情况不尽相同。先秦儒家在看到了欲望的共性和差异性的同时，还注意到了欲望的层次性。孟子说："生，我所欲也；义，亦我所欲也。二者不可得兼，舍生而取义者也。"(《孟子·告子上》)在孟子看来，生固然是每个人都欲求的，死是每个人都厌恶的，但还有比生更高的追求，这就是义，还有比死更有让人更厌恶的，这就不义。所以，孟子主张宁可就义而死也不害义而偷生。孟子通过对义利关系问题的探讨，得出欲望不可得兼的时候要以道义为标准进行取舍。舍"生"而取"义"的选择结果，很好地说明了对不同层次"欲"彼此冲突时的人生价值选择标准。

最后，先秦儒家指出以合乎"道"的手段来满足人欲。对待理欲之间的关系问题,先秦儒家既没有简单的扼杀人类追求物质感性层面的人生价值,也没有放纵人类的本能欲望,而是以合理的道德理性层面引导人类的价值判断。其一,先秦儒家采取以"道"节欲。先秦儒家认为满足人欲的前提和限度是不可以损害和侵害其他人满足其欲望的权利、条件和资源。荀子说:"从人之欲,则势不能容,物不能赡也。"(《荀子·荣辱》)。又说:"欲多而物寡,寡则必争矣"。(《荀子·富国》)在肯定欲的同时,也须反对纵欲,主张节欲,引导人们对欲的追求都能合乎礼义规范,强调要以合乎"道"的手段来满足欲望,不能"以欲忘道"。(《荀子·乐论》)"欲虽不可尽,可以近尽也;欲虽不可去,求可节也……道者,进则近尽,退则节求,天下莫之诺也。"(《荀子·正名》)显然,这里"进则近尽,退则节求"的"道",就是要求人们依循礼义法度的规范正确地对待自己的欲望,通过礼义来节欲。其二,先秦儒家采取以"道"导欲。孔子曰:"富与贵是人之所欲也,不以其道得之,不处也;贫与贱是人之所恶也,不以其道得之,不去也。"(《论语·里仁》)"以其道"就是要坚持一定的原则。孟子也认为,"欲"本身并没有什么不好,关键在于实现"欲"、满足"欲"的手段如何。荀子也认为,义与利同样是人必不可少的需要,"欲利而不为所非"。(《荀子·不苟》)。又说:"君子乐得其道,小人乐得其欲。以道制欲,则乐不乱;以欲忘道,则惑而不乐。"(《荀子·乐论》)可见,先秦儒家对待人欲问题,强调的是以合乎"道"的手段去辩证地满足。柴文华对先秦儒家伦理思想也评价道:"以道德

理性节制人们的感性欲望是儒家伦理文化的一贯主张。"①

3.1.3　理想人格

每个人都希望能得到社会的肯定,实现自我的价值。理想人格就是一个时代做人的道德楷模,是人们道德上应有的完美人格形象。先秦儒家的理想人格所追求的不仅是拥有高尚的道德品质和优秀的个人素养,而且还要拥有"博施于民而能济众"(《论语·卫灵公》)的事功能力,即所谓"内圣外王"。先秦儒家对"内圣外王"的理想人格特质做了很多阐释。如孔子说:"修己以安人……修己以安百姓。"(《论语·宪问》)孟子说:"穷则独善其身,达则兼善天下。"(《孟子·尽心上》)儒家经典《大学》第一章中提出的"三纲八目",即:"大学之道,在明明德,在亲民,在止于至善";"格物、致知、诚意、正心、修身、齐家、治国、平天下"等都是对"内圣外王"的一种表述。它体现了儒家把内心的道德修养与外在的政治实践融为一体的道德人生哲学。

理想人格问题,本质上说是如何对待自我和如何主宰、实现自我的问题,即人的意志和自由的问题。在先秦儒家理想人格的意志和自由问题上,张岱年提出应含有独立意志说。他认为,人的基本精神需要就是要有独立人格,人与人之间要相互尊重各自的独立人格。这就是道德的基本原则。孔子肯定人人有独立意志,他说:"三军可夺帅也,匹夫不可夺志也。"(《子罕》)有独立意志即有独立人格。

---

① 柴文华:《中国人伦学说研究》,上海古籍出版社,2004,第51、52页。

之后,张岱年又扩充了这一观点,他说:孔子曾说"性相近,习相远也",承认人与人的本性是相近的,即承认人与人同类;孔子说"能近取譬"即推己及人,前提是承认别人也是人,即承认别人也有独立意志,亦即肯定人人都有独立意志;孔子所说的"匹夫"即一般平民,也有自己不受强制的意志。有论者对此持截然相反的看法:有人说孔子重视并宣扬个人独立的人格,这恐怕也是一种"历史误会"。孔子或许也讲"人格",但这只能是规范化、模式化的人格,而绝非指人的独立的个性。实际上自古以来儒家讲人格,正是凡人都需有"格"(规范——原注)之意,而不是弘扬个性。在孔子思想中,根本无所谓个性,更谈不上个人的独立个性。孔子学说不能不以人为出发点,但以人为出发点既可以解放人,也可以奴役人。

有的学者采用"内在自由"和"外在自由"的说法,有的学者采用"心的自由"与"身的自由"的说法加以辨析。表述其不存在真正的道德意志自由。

上述观点各执一端十分显然。如何认识先秦儒家理想人格的道德意志和自由的问题,我认为首先需要把握先秦儒家理想人格的基本特征。

人格理想化的建构,始于孔子,认为"圣人"是理想人格的最高境界。"子贡曰:如有博施于民而能济众,何如?可谓仁乎?子曰:何事于仁,必也圣乎!尧舜其犹病诸!"(《论语·雍也》)这个境界,孔子认为自己也在奋斗,"若圣与仁,则吾岂敢?抑为之不厌,诲人不倦,则可谓云尔已矣。"(《论语·述而》)儒家理想人格到孟子则颇具规模了,孟子说:"圣人百世之师也。"(《孟子·尽

心下》）"伯夷，圣之清者也。伊尹，圣之任者也。柳下惠，圣之和者也。孔子，圣之时者也。"（《孟子·万章下》）他还说"可欲之谓善，有诸己之谓信，充实之谓美，充实而有光辉之谓大，大而化之之谓圣，圣而不可知之谓神。"（《孟子·尽心下》）孟子还有"圣人，人伦之至也"（《孟子·离娄上》）的说法。这样的话荀子也说过："圣也者，尽伦者也。"（《荀子·解蔽》）荀子提出"成人"说，"成"如动词，讲理想人格实践的过程。孟子认为，圣人的品德和常人的仁德是统一的，实现"仁德"就是"圣人"境界。"仁"在孔子、孟子那里主要是针对上层社会"少数人"而言的，这点将在后来的论述中可以体味到。被考证为出于儒家之手的《庄子·天下》篇，把理想人格概括为"内圣外王。"《大学》将此具体系列化为"修身、齐家、治国、平天下"。荀子对先儒的理想人格加以充实，荀子说："圣人者，以己度人也。故以人度人，以情度情，以类度类，以说度功，以道观尽，古今一也。"（《荀子·非相》）强调"积善成德。"而《大学》"修、齐、治、平"明晰具体的表述，说明先秦儒家人格理想化建构已完备。理想人格学说集中体现了春秋战国时代文化精神，是那个时代的思想文化的精华。

先秦儒家理想人格于后世能产生极其广泛的影响，除了自身所具有的智慧的思想原则外，与其传播有极大关系。汉武帝实行"独尊儒术"，儒学遂成为国家文教政策规定内容，理想人格为其理论核心，自然在"独尊"之列。唐宋复兴儒学，尤其是淳祐元年（1241 年）宋理宗下诏表彰朱熹《四书集注》，《四书集注》遂成为历代主要教科书和科举依据。前者对先秦儒家理想人格传播起着国家意志的推动作用，后者则由思想教育渠道渗透到整个中国士大夫阶层,并通过士大夫创作典雅的或通俗的文学艺术作品形式,向社会广泛传播。

先秦儒家的道德人生哲学有着完整丰富的内容和深厚的哲学意蕴:它强调道德的主体性意识和实践意识;以至善为理想人格的内在规定。儒家历来崇拜圣人,视圣人为理想人格的化身和人生追求的最高目标。孟子认为:"人皆可以为尧舜"。(《孟子·告子》)荀子指出:"圣人者,人之所积而致也。"(《荀子·性恶》)但是,由于圣人是一般人所难以企及的,所以儒家的理想人格更侧重于适合广大民众的君子。在儒家看来,"君子"就是那种把仁义道德内化为自觉的欲求,并能从人生的各个角度,真正把它作为行为准则去实行的人。"圣人"与"君子"的最大区别在于"圣人"不仅要有高尚的道德品德修养,还有事功的要求,而"君子"则更强调内在的素养。基于"君子"更具现实意义的理想人格,先秦儒家主要围绕"君子"的观念对理想人格进行阐述。道德作为传统儒家思想的核心论点,在两千多年的中国传统社会中承担了保证社会整合和社会价值传承的双重任务。儒家以道德立论,其道德所指并非仅局限于规范人的社会行为,更大的意义上,是作为"人之所以为人"的价值关照,以及处理人与社会关系的民族心理皈依而贯穿于整个传统中国社会。需要指出的是,由儒家道德的这种特殊场域可见,儒家对道德的界定并非源自抽象的逻辑思维,而是源于"克己复礼"的伦常日用,源于对人的生存境况和人生价值的理解和追求。

"仁"是君子人格的本质,是先秦儒家理想人格的义理根据。孔子提出了以"仁"为核心的理想人格模式,把"仁"作为理想人

格修养的最高境界。君子一定要致力于自身品德的修养，"君子耻不修"(《荀子·非相》)，在外在的表现上要谦让待人，使高贵的品质积累于自身，遵循"礼"的原则来处世，"故君子务修其内而让之于外，务积德于身而处之以遵道"。(《荀子·儒效》)可见，内在的道德修养"仁"是君子所以称为君子的根本标志。君子怀仁，所以君子既有修己的功夫，又有安人、安百姓的外王功绩。作为君子只是致力于自我的人格修养还不够，还需要关怀世事，积极入世。人是社会中的人，只有在社会中才能真正实现自身的价值，修身的目标是"成己"(自我完善)与"成物"(兼善天下)。"天行健，君子以自强不息。"(《易·乾·象》)在儒家看来，做人最终的理想目标就是能"经世济民""泽加于民""修己以安百姓""治国平天下"，亦即人生应有所作为。"大上有立德，其次有立功，其次有立言，虽久不废，此之谓不朽。"(《左传·襄公二十四年》)"三不朽"正是先秦儒家所追求的君子之为。先秦儒家提出的理想人格境界，其蕴意诚如杜维明所评："有超越本体感受但不神化天命，有内在的道德觉悟但不夸张自我，有广泛的游世悲愿但不依附权势，有高远的历史使命但不自居仁圣"[1]。正是这样的人格特征才使得个体的人能有着强大的精神力量，以道德理性寻求自身价值。

先秦儒家的理想人格境界不仅仅只是个人内在价值的体验与满足，而是将个人与社会有机地联系起来。因为人不是个体的存在物而是社会的存在物，所以先秦儒家更重视人与社会的统

---

① 杜维明：《一阳来复》，上海文艺出版社，1998，第230页。

一,更重视通过个体的积极进取使社会富足。先秦儒家相信人存在的各个层面,如"自我""社会""政治"和"天命"之间构成一种连续性的关系,其理想人格并不是一个只求一己价值的自私的人,而是一个成己成物、内圣外王的社会人。先秦儒家坚信个人与社会之间不可分割,个人并不是作为一个孤独的个体,站在社会的对立面。相反,个人必须融入社会的群体中,而不是疏离于社会之外。因此,个人的价值的实现离不开社会的有序发展。和谐有序的理想社会既是儒家人生价值的出发点,又是其最终的归宿。

3.1.4　理想社会

孔子理想中的社会状态到底是什么样子的,孔子终其一生都在努力追求并实践着,于此目前学术界的看法并不能达成共识。但结合最能真实反映且毫无争议的孔子思想的原著——《论语》来看,儒家的主流观念都是从该书开始以夏、商、周三代为最高理想,且在《论语》中孔子尤其认为西周集三代大成,代表最高理想追求。一句"周监于二代,郁郁乎文哉! 吾从周"最能证明。从《论语》看,孔子所说的道应该是代表他心中的社会理想,或者说,道是人类生活的理想原则,合乎这个原则的社会就是好的社会。《论语》中孔子也多次提到"道",比如"朝闻道,夕死可矣",或"志于道,据于德,依于仁,游于艺",或"道不行,乘桴桴于海"等这些内容,其实都表达了孔子对"道"的向往。孔子用尽一生都在追求"道"的理念,那"有道"和"无道"到底是什么呢? 我们知道,孔子所生活的时代,典型的社会状况是社会动荡、礼崩乐坏,他认为自

己当时所处的社会正处在一种"天下无道"的状态,并对这样的社会现实抱着批判的立场。他说:"天下有道,则礼乐征伐自天子出。天下无道,则礼乐征伐自诸侯出。"也就是说,如果社会上有一套稳定的等级秩序,那就是"天下有道";反之,假如没有这样的秩序,社会上到处都是犯上作乱,政出多门,有势力的当权者可以随意发号施令的话,那就是"天下无道"。而"天下无道"的结果又是怎样呢?那就是"礼乐不兴则刑罚不中,刑罚不中则民无所措手足"。这也就是说,当礼乐秩序崩溃以后,那些得势的当权者就会为了自己的利益而对人民滥用权利和滥施刑罚,让人民陷于水深火热之中。在孔子看来,不合理的社会现实就是这样,只有在"天下有道"的社会政治生活中,人民才不至于遭受统治者的任意肆虐和践踏。所以,在孔子看来,"天下有道"如周朝般的社会便是理想的社会,这样的社会人伦有序,社会和谐稳定。当然,如果仅仅认为孔子所追求的"有道"的天下是如周朝时期那样的理想的社会状态,也并不完全,我们知道孔子重视人的德行教化以及以"仁"德为核心的内圣外王的理想人格的实现,所以孔子认为的"天下有道"的理想社会是与人的德行密切相关的,在这样的社会中,人人都道德高尚、言行合"礼",大家不是成就了"君子"或"圣人",就是正在其成就的路上;以仁德为根本的社会意识形态所造就的社会,人与人"和而不同"、国家秩序井然、社会安定和谐、百姓富足幸福。也许,这才是孔子真正意义上"天下有道"的理想社会。

　　以孔子"仁"学思想体系内容为基础,孟子根据孔子对于理想社会的憧憬与具体实践,结合自身所处的"互为攻伐"的霸道政治的社会现实,发展提出了"仁政"的主张。孟子希望通过统治者施行"仁政"去建立起一个"王道乐土"的理想政治国家。关于这个理想的社会治政状态,他有如下简要描述:"五亩之宅,树之以桑,五十者可以衣帛矣。鸡豚狗彘之畜,无失其时,七十者可以食肉矣。百亩之田,勿夺其时,数家之口可以无饥矣。谨庠序之教,申之以孝悌之义,颁白者不负戴于道路矣。七十者衣帛食肉,黎民不饥不寒,然而不王者,未之有也"。按照这个描述,他理想中的"王道乐土"就是各家拥有五亩之宅、百亩之田,耕织并作,黎民不饥不寒,养生丧死无憾,老有所安,幼有所养,而且人们明孝悌,知礼节,上下有序,长幼和睦。于此如果建成这样的社会,那么这个社会的统治者自然就是王者,于此而建立起来的社会自然会成为人们所憧憬的理想社会。如此,孟子认为一个国家,统治者如果"仁民爱物",以仁政的方式进行社会治理,在这样的社会中人民幸福安康、富足充实,人民道德素质很高,礼义教化完美传承,一切都是那样美好快乐,那么这样的大环境下的国家状态便是"王道乐土"的理想社会。

在荀子的构想中,"圣王之道"是最高理想。在这种理想社会中,智慧、道德超群的"圣王"有着十分突出的地位与作用。这种圣王才能卓著,"上察于天,下错于地……神明博大以至约"他不但无所不知、无所不能,而且其"道德之威"于政治中"赏不用而民劝,罚不用而威行",使社会秩序井然有序。同时,圣王注重文教治国,"总方略,齐言行,壹统类,而群天下之英杰而告之以大古,教之以至顺",人们在接受圣王教化中,形成如《荀子·乐论》中所描述的"百姓莫不安其处,乐其乡"及"移风易俗,天下皆宁,美善

相乐"的理想社会风俗。这种理想社会里社会财富相当富足,有
"泽人""山人""农夫""工贾"等社会分工很细的人群,并且大家
自觉各安其位。总之是社会富强、人民有序、和谐稳定。所以,在
这种理想社会中,圣王的作用举足轻重,甚至可以说是决定性的,
如果一旦找不到这种集完美道德与超群智慧于一身的圣王,这种
美好的"圣王之道"一般难以实现。

综上,先秦儒家的理想社会主要有两个特征:一是有序,二是
和谐。"为政先礼,礼其政之本欤。"(《礼记·哀公问》)在孔子看
来,管理国家首先要实行礼治。"礼"是治理国家的根本,是治国
的经纬,"礼之所兴,众之所治也;礼之所废,众之所乱也"。(《礼
记·仲尼燕居》)在孔子的治国思想中,礼占据着基础的地位。礼
作为维系中国古代宗法等级秩序的社会规范和道德规范,它既具
有上下等级、尊卑长幼等"尊尊"的规范,又具有肯定天然血缘骨
肉亲情关系的"亲亲"原则。依据这些原则,将亲情伦理与政治伦
理浑然合一,从而控制和规范社会成员的行为,维持整个社会生
活的有序。孔子明确提出为政之道以"正名"为先。孔子说:"名
不正,则言不顺;言不顺,则事不成;事不成,则礼乐不兴;礼乐不
兴,则刑罚不中;刑罚不中,则民无所措手足。"(《论语·子路》)
要求每个人的所作所为,都能和他世袭而来的传统的政治地位、
等级身份、权利义务相称,不得违礼僭越。荀子也特别强调"礼"
的社会作用。荀子主张"制天命而用之"。(《荀子·天论》)。如
何能够达到这样的状态呢?荀子认为必须依靠人类的社会制度
"礼"。因为,"就人道观来讲,'明于天人之分'的论点就是说:自
然和人类社会各有职分,不能用自然现象来解决社会的治乱;人

类的职分在于建立合理的社会秩序,以保障人类有力量去控制自然"①。按照荀子的理论,"人有其治"(《荀子·天论》),而"礼义之谓治,非礼义之谓乱"。(《荀子·不苟》)因此,只有"礼"才能实现社会的有序,才能实现人的价值。荀子称赞道:"礼者,人道之极也"。(《荀子·礼论》)"礼"不但是"人道",更是有价值的"足国之道"。荀子说:"节用裕民,而善臧其余。节用以礼,裕民以政……礼者,贵贱有等,长幼有差,贫富轻重皆有称者也。……父子不得不亲,兄弟不得不顺,男女不得不欢。少者以长,老者以养。故曰:'天地生之,圣人成之。'此之谓也。"(《荀子·富国》)正如鲍吾刚所说:"在荀子对人类幸福和理想政体的本质之思考中,'礼'这个概念也具有决定性的影响。作为一个儒家思想家,荀子总是从社会角度出发考虑问题。"②简言之,荀子是通过"隆礼"来达到有序的理想社会状态。

"和为贵"是孔子德治思想的重要内容,蕴涵着深刻的理性价值。《中庸》云:"喜怒哀乐之未发,谓之中;发而皆中节,谓之和。中也者,天下之大本也;和也者,天下之达道也。致中和,天地位焉,万物育焉。"这就是说,中是天下的根本状态,和是天下的最终归宿,达到中和是一切运动变化的根本目的,天地各得其所,万物顺利生长。先秦儒家希望用"和"来解决春秋时代的各种矛盾冲突,挽救"礼坏乐崩"的局面,以求得社会的和谐与稳定。我们知道在封建宗法社会中,每个人都有一个特定的层级位置,主要就是"君君、臣臣、父父、子子"。个人对家庭对社会都是义务重于权

---

① 冯契:《中国古代哲学的逻辑发展》,华东师范大学出版社,1996,第288页。
② 鲍吾刚著,严蓓雯等译:《中国人的幸福观》,江苏人民出版社,2004,第50页。

利,整体利益重于个体利益,即强调人伦和谐。先秦儒家认为,只有"明人伦",处理好人伦关系,才能使社会安定、发展。群体赖以存在和发展,除秩序外尚需要协调、和谐。《论语》云:"礼之用,和为贵"(《论语·学而》),倡导"四海之内皆兄弟"。(《论语·颜渊》)孟子提出了"天时不如地利,地利不如人和"(《孟子·公孙丑下》)的"人和"思想。荀子提倡"群居和一"说,认为只有群的和谐,才能使"牛马为用""多力胜物"。(《荀子·王制》)对社会整体而言,秩序与和谐是相互促进的。诚然,中国古代的礼所维护的是一种特定的社会秩序,即封建等级秩序。但是,礼在维护封建等级制上是从两个方面来体现的。即一方面严格等级区分,一方面又力图协调等级关系,调和等级对立。因此,先秦儒家所追求的理想社会是回到"复礼"的"贵和"社会。①

　　针对"天下无道"的社会现实,孔子建立了一套以"仁"学为核心的思想体系,并以此为基准,针对当时各种具体的政治现实等问题提出批评和议论,并希望通过一个"有道"的天下来实现自己的政治抱负。通过参见《史记·孔子世家》篇及与孔子相关的生平传记与文献资料,更不难发现,孔子作为儒家政治学说的开拓者,其一生都在努力恢复传统周朝的礼治秩序,并试图通过"正名"的政治方案去建构"天下有道"的社会秩序。可是孔子对于"天下有道"的社会状态究竟为何并没有给出正面的解答,但他从另一个方面似乎又给出了隐含性的答案。在孔子的思想观念里,令他特别尊敬的人是周公,因为周公恰恰是周礼的制定者,同时,

---

　　①　张锡勤:《尚公·重礼·贵和——中国传统伦理道德的基本精神》,《道德与文明》,1998 年第 4 期。

在孔子看来,周礼比起以往的礼仪制度都更加完备而合理,堪称"郁郁乎文哉",所以周礼盛行的周代使他格外憧憬和向往,对孔子来说,那个时代应该算得上"天下有道"。孔子本着这样一种社会理想看待当时的社会,往往被人们误解,其实问题并非想象中的那样简单。实际上,孔子虽然把周礼盛行当作理想社会的标志,但是他对周礼并不只是简单的因袭和照搬,而是通过自己的解释给周礼注入新的内容,那就是他把"仁"的内涵与"礼"的形式结合起来,认为仁是"克己复礼"。所以他说:"人而不仁,如礼何?人而不仁,如乐何?""文质彬彬,然后君子。"于此同样也强调人在行"礼"的时候应该通过"仁"的情感的真实流露而进行的,"仁"和"礼"是内容和形式多方位的统一。由于有了"仁"作为主导,于是在按照"礼"来处理上下尊卑的关系时,就不是单纯的上级驱使下级,也不是下级对上级一味地服从,而是上下各方都从"仁"的情感角度出发,尽其合乎"礼"与"理"的义务,例如君臣之间应该是"君使臣以礼,臣事君以忠",君主对国民不能滥用自己的权力,而应该是"敬事而信,节用而爱人,使民以时",诸如此类等等。总之,臣民要对君主尽忠,君主必须考虑臣民的利益,上下之间应该有相互的责任和义务。由此可知孔子希望的社会政治应该是一个上下有序、富于温情脉脉的清明而和谐的天下。所以,通过恢复、传承并发展创新周代的礼治,对于建构"有道"的社会秩序极为重要。同时,在《论语·子路篇第十三》中还叙述了这样一个故事:有一次子路问孔子,说如果卫国的国君请孔子去治理国政,孔子首先应该做什么。(原句为"卫军待子而为政,子将奚先?")而孔子的回答便是:"必先正名乎!"通过查阅历史可

以了解到的是,语境下的卫国正处于春秋晚期,其臣下孙氏与宁氏专权当道,君臣关系不和谐,而后又出现了卫国王室父子相争王位的事件,所以当时的卫国政治不明、社会不稳。这里"正名"的意思表面上虽然是纠正名分上的功用不当,但实际上则是要求"君君、臣臣、父父、子子"这样的礼治秩序,即纠正有关古代社会礼制与名分上那些同现实社会关于伦理和政治的一些价值规范不相符的东西。所以,如果要使当时的现实社会符合理想的社会状态、实际存在的社会符合本应该存在的社会的需要,那么本应该存在的社会则是一种通过某种共识的社会价值理念作为基础,而后构想出来的理想社会。对孔子来说,"正名"就意味着能够使社会现实合乎某种理想的价值原则,"天下无道"是糟糕的现实,而"天下有道"则是这种理想的状态,"道"存不存在的体现便是理想与现实的区别之所在。故孔子出于对当时社会上一些名存实亡的现状的不满,才发出了"觚不觚,觚哉!觚哉!"的感叹,以"复礼""正名"建构和谐有序的"有道"天下,就是通过人与人之间友好和谐相处,使人们各有名分、各安其位、没有混乱。作为和谐、有序的"有道"天下确实也是社会的良好发展状态,但却并不是孔子毕生追求的理想社会中最重要的东西,更不是"天下有道"的最核心内容。

从《论语》中孔子同弟子进行政治观点的对话去理解,孔子理想社会的建构主体主要是指向人的德行和品性,其次才以此为起点来构建社会秩序的相关内容。在孔子所期望的社会中,所有人的精神状态都有一种正能量的积极要求。对于如何达到这个理想社会的状态,孔子希望"圣人""君子"承担相关的责任,通过

"推己及人",努力改造社会,维持社会的稳定和谐,并在"有道"的社会环境中去教育百姓、引导民众。

对此,孔子还说过这样一句话:"导之以政,齐之以刑,民免而无耻;导之以德,齐之以礼,有耻且格。"这是孔子在谈及政治远景时所做的一个现实性的比较。一个社会用政刑制度,可以做到"民免"(即百姓免于犯罪),这是社会和谐有序的象征。但孔子对此并不满意,他认为社会仍有不足,那就是"无耻"。("无耻"这个词在古代汉语中的本意是没有羞耻感,相对的状态则是"有耻",即人如果做了错事便自觉地有羞耻感,其情感色彩一般;这不同于今天现代汉语中所言"无耻"具有非常重的情感色彩,常指一个人品质非常恶劣。当社会中的人们做了不对的事(但并没到很坏的程度),会有自觉的羞愧感,就是"有耻"。如果普通人没有这样的自觉意识,但不见得那么坏,就是孔子说的"无耻"。在一个社会中,虽然大家和谐相处并不违法乱纪,但是人没有羞耻感,孔子终究对此是不满意的。那什么状态才是让人满意的呢?答案是人民"有耻且格",一个人"有耻",意味着他对自己有品德上的要求,"格"的意思是在同社会亲密接触的过程中有着自我修行正道的标准。故"有耻且格"是孔子心中满意的社群状态,他认为一个社会仅仅依靠政、刑的手段来治理是不好的,最重要的还是通过德、礼的方式去实现治理。于是,孔子在《论语》一书中就指出了一个为建设"有道"的天下秩序而努力的方向,那就是从政,他自己从政,以及培养弟子从政,而他们从政的前提都是个体通过德行的严格修行已达到"君子"的人格境界。正如《论语》中子夏所言"仕而优则学,学而优则仕"这种道德修行与社会实践的相

互关系。所以,从政的实践就是治理好一个地方,为天下做示范,即孔子在《论语·雍也篇》中所指出的那样:"齐一变至于鲁,鲁一变至于道。"所以在孔子看来,任何一个地方,都可以作为天下示范的样板。而这个示范里面最核心的内容就是人民个体的状态,人民是否"有耻",从政者是否修成"君子""圣人",只有以"君子""圣人"这样的群体才能够推动"天下有道"秩序的建立与发展。

论及孟子,在孟子生活的那个时代,诸侯争雄,战火绵延,杀人盈野,路有饿殍,各国都想通过壮大自身实力和动用暴力去扩展土地和争夺人口。面对这样的社会现实,孟子坚决反对暴力政治,而主张通过赢得民心来征服天下。在孟子看来,统治人民不能依靠"封疆之界",巩固国防不能依靠"山谷之险",威震天下不能依靠"兵革之利",而是要靠人民的拥护,谁赢得民心谁就可以征服天下。而要赢得民心,就必须满足人民的需求,不能把人民厌恶的事物强加给人民;要满足人民的需求,就必须施行"仁政"。所谓"仁政",可以说是以"不忍人之心"为基础的社会政治。孟子说:"人皆有不忍人之心。先王有不忍人之心,斯有不忍人之政矣。以不忍人之心,行不忍人之政,治天下可运之掌上。"孟子以人性为前提去推导政治,从人人都有"不忍人之心"的仁心推导仁政。因为在孟子的思路中,由于"不忍人之心"是人本身所固有的,所以,仁政也应该是天经地义的。孟子认为同情心既然是每个人都天生具备生而有之的,人们对于仁者的认同和归属也自然更加容易,据说远古时期的圣王就是根据这种同情心来进行他们的社会政治治理的,因此"仁政"也叫"王道"政治;假如统治者能够施行"仁政",像父母爱护孩子那样同情人民的疾苦、理解人民的呼声,那就可以赢得人民大众的拥护和支持,从而成为天下归心的真正的王者。正如孟子自己所言:"今王发政施仁,使天下仕者皆欲立于王之朝,耕者皆欲耕于王之野,商贾皆欲藏于王之市,行旅皆欲出于王之途,天下之欲疾其君者皆欲赴想于王。其若是,孰能御之?"所以,王者通过施行"仁政"能够使天下人归之,各有各的使命与发展,各干各的具体事业,天下人人都愿意依附于仁王,这样的天下才是真正的"王"天下。

除了施行仁政,按照孟子的设想,"王道乐土"的发展一定是富足繁荣的,所以针对这种繁荣,就必须保证百姓的物质生活需要,他便提出了"制民之产"的经济主张。"制民之产"就是使人人都有一定的土地财产,从而得到基本的生活保障,这样人民才能"仰足以事父母,俯足以畜妻子,乐岁终身饱,凶年免于死亡"。关于"制民之产"的具体办法,孟子主张恢复西周时期的井田制。所谓"井田制",按照孟子的解释,主要是"方里而井,井九百亩。其中为公田,八家皆私百亩,同养公田;公事毕,然后敢治私事"。这就是说:九百亩为一井,一井八家,各家拥有百亩土地,收入亦归各家所有,另外的百亩为公田,八家共管,收入归公家所有。孟子认为,通过这个办法,可以防止由暴君污吏侵吞人民的田产而造成的收入不均、社会不平,因此他说:"夫仁政必自经界始,经界不正,井地不均,谷禄不平,是故暴君污吏必慢其经界。经界既正,分田制禄可坐而定也"。显然,他认为施行"仁政"的基本措施是按照井田制去划分土地,希望通过这种办法来保障人民公平地拥有土地和获得相应的生产收入。在从政治治理与经济建设方面给出了有效措施去保证"王道乐土"国家建立的同时,人民文化

素质的提高也是很重要的,通过兴办学校发展教育,教化百姓进行仁义道德与孝悌规范的学习与实践,使百姓的道德素质与文明程度都达到较高的水平,从而以良好的社会群体素质推动社会祥和稳定氛围的建立。总之,孟子在"王道乐土"理想社会的建设构想中,通过从"仁政""制民之产"以及"庠序之教"这三个方面进行现实意义的建构,从而通过政治、经济与文教这几个大的方面实现其理想社会目标。

到了荀子,建立"王道乐土",除了需要统治者对百姓施行"仁政",另外还需要统治者通过努力强化自身建设,以"明君"的标准塑造自己,而后以"明君之治"实现"圣王之道"的理想社会模式,最后以期达于最高的理想社会目标。当然,荀子也意识到在当时的社会历史条件下,要实现"圣王之道"是一种空想,所以最终把主要精力集中于"明君之治"的实现上。在荀子看来,这种理想社会的实现需要社会各阶层人的努力,即君主、士、农、工、商等各阶层各安其位地努力、以一种积极的态度从自身做起。战国末期,各诸侯国历经变革,新兴的封建势力显现出无限生机,这些都给了荀子极大的启发。荀子以这些诸侯国为原型对理想社会进行了重塑,形成了其"明君之治"的社会架构。"明君之治"最突出的特征是"礼义之治",以"礼者,贵贱有等,长幼有差,贫富轻重皆有称者也"为原则,明确社会等级,"少事长,贱事贵,不肖事贤"。"以善至者待之以礼;以不善至者待之以刑",在政治上通过刑、礼并重来维护整个社会的稳定。除此之外,经济上以农为本,百姓"分田而耕",辟田野、实仓廪、便备用。于文化教育方面"六说者立息,十二子迁化",思想纯正统一,异端邪说不复存在,使人人知

"虽穷困、冻馁，必不以邪道为贪，无置锥之地，而明于持社稷之大义"。军事上，统治者要"静兵息民，慈爱百姓"，以德感召天下人，对外尽量避免兵戎相见，并"无兼并之心"；即便当战争无法避免，也要"兵不血刃"并之以"仁人之兵，所存者神，所过者化"，从而将战争对人民的伤害减到最小，以达"存亡继绝，卫弱禁暴"。总之，在"明君之治"的理想社会环境当中，"其道易，其塞固，其政令一，其防表明"，终是"刑政平，百姓和，国俗节"的一片美好治世。当然，"明君之治"理想社会的实现更要求君主在其中所起的决定性作用。君主在各个方面要成为百姓的榜样，强调"君者仪也，民者景也，仪正而景正""上者下之本也，上宣明而下治辨也矣，上端诚则下愿愨矣，上公正则下易直矣"。故君主美好，百姓自然以其作为表率。不仅如此，君主要想把国家治理好首先就必须严格要求自己，以自身行为端正去端正别人，以高尚才德去建立威信使民众信服并号令百姓。具体说来，在道德品行上，君主只有"体恭敬而心忠信，术礼义而情爱人；劳苦之事则争先，饶乐之事则能让，端愨诚信，拘守而详"，才能得到人民的拥护与爱戴。君主也只有凭借兼服天下众人之心做到"高上尊贵不以骄人，聪明圣智不以穷人；齐给速通不争先人，刚毅勇敢不以伤人"，才能实现天下安定祥和。此外，除了君主要"德行致厚"，还要"智虑致明"，有治理国家的非凡才能，并以行之有效的方针政策去治理国家。从而综合德才两面，以"明君"去实现天下大治的理想社会。无疑，"明君之治"是荀子针对战国末期的社会现实，汲取各国变法成功经验而提出的新社会秩序的建设方案。荀子以满腔的热情投入到理想社会实现的理论建构当中，但其理想的实现可能性却

似乎很小。因为在荀子的政治思想体系中，无论是"圣王之道"还是"明君之治"，都有这样一个预设的前提：社会原本就是一种安定祥和的相对理想的状态。其中，"圣王之道"是在社会没有任何不安定的理想条件下，"圣王"只需以自己的高尚的道德、高超的治国能力去维护这种理想状态，而社会人群只需按照原有的良好习惯方式继续生活即可。这对全体社会民众而言，这是一种自然而然的安于本分；而对整个国家社会而言，正因为这种安于本分，国家便持续稳定繁荣。"明君之治"同样也是在天下安定的大前提下，当社会发展中偶然出现一些方面的不安定因素，便由"明君"这种才德超群的统治者进行协调并彻底解决。

3.1.5　德福一致的人生价值归宿

儒家政治哲学坚持德治作为政治正义原则，儒家的德治理念中，德位一致、德福一致本来不是一个问题，而是一种信念。"故大德必得其位，必得其禄，必得其名，必得其寿……故大德者必受命。"（《礼记·中庸》）这是儒家创始人孔子继承周公"以德配天"理念的儒家表达。东周德礼体系逐渐分离解体，当礼逐渐为法所替代，德行淡出正义价值标准的时候，出现了一个重大的哲学难题，即德福一致或德位一致的问题。一个突出的例子，是孔子德为圣人，却不能得到天子之位，或者像伊尹、周公那样见用于世。

儒家在恢复德治传统的不懈努力，正是要恢复"德福一致"的有道社会。"天下有道则见，无道则隐。邦有道，贫且贱焉，耻也。邦无道，富且贵焉，耻也。"（《论语·泰伯》）在有道社会不能德福一致，说明是没有德行，是一种耻辱。在无道社会中，幸福不是因为有德而导致的,不是通过德行而获得的幸福或官位,孔子也认为是一种耻辱。在德礼分离、德福不一致的东周时期,孔子忧心天下,"知其不可而为之"(《论语·宪问》),企图实现德福一致的有道社会。孔子一方面周游列国,游说诸侯国君实行王道,实现君王德位一致,臣民德福一致。另一方面激励有志君子自觉修身立本。"为仁由己,而由人乎哉?"(《论语·颜渊》)树立自由的道德自我,确立德行修养对于福位的优先性。"不患无位,患所以立。"(《论语·里仁》)用心于"下学而上达""克己复礼为仁",寻找见用于世的机会。而在德福不能统一的时候,"君子固穷"(《论语·卫灵公》),能够坚守道义,自得于"孔颜之乐"。孔子晚年见道不行于世,于是守先待后,修六经载王道之法,以俟圣王取法,终为万世师表。

孟子提出三种德福一致的努力方向。一是主张在位君王应当由仁义行,施行仁政。"惟仁者宜在高位"(《孟子·离娄上》),"务引其君以当道,志于仁而已"(《孟子·告子下》)。他相信君王有仁心、行仁政,则一国皆仁,一国皆德福一致:"惟大人为能格君心之非。君仁莫不仁,君义莫不义,君正莫不正,一正君而国定矣。"(《孟子·离娄上》)。二是主张当君德败坏时实现汤武革命,废位易位。"君有大过则谏,反复之而不听,则易位"(《孟子·万章下》),"贼仁者谓之贼,贼义者谓之残,残贼之人谓之一夫。闻诛一夫纣矣,未闻弑君也。"(《孟子·梁惠王下》),相信必有圣王出来担负使命,"五百年必有王者兴"(《孟子·公孙丑下》),"舍我其谁也?"(《孟子·公孙丑下》)。三是面对德福不一致的东周社会现实,孟子主张修身立命。"穷则独善其身,达则兼济天

下。"(《孟子·尽心上》)"无恒产者有恒心,惟士为能。"(《孟子·梁惠王上》)"修身以俟之,所以立命也。"(《孟子·尽心上》)有德君子能够超越低级欲求的幸福限制,外在穷达不会改变其修己济人的志向。"仰不愧于天,俯不怍于人。"(《孟子·尽心上》)德行之乐是孟子的君子三乐唯一可以自我把控的一乐,作为高级欲求的德行是操之在我的内在幸福,经过个人努力是必然可以拥有的,而外在幸福是得之有命的外在偶然事件。"君子行法,以俟命而已矣。"(《孟子·尽心下》)在德礼分离的时代,这种坚守德行、行法俟命的德福观,一方面在不遇时命的时候能够超然物外,坚定信念,寄望后世。另一方面已经把德行视为完善自足的,如其天爵人爵之辩,把具备配当幸福的德行认为是一种德福兼备的至善。

荀子也肯定德行圆满可以超越世俗的幸福。"志意修则骄富贵,道义重则轻王公,内省则外物轻矣。"(《荀子·修身》)这种内在之德的自足和对外在之福的超越是对个体修身而言的,而对现实正义秩序而言,荀子主张应该德福相称:"礼者,贵贱有等,长幼有差,贫富轻重皆有称者也。故天子袾裷衣冕,诸侯玄裷衣冕,大夫裨冕,士皮弁服。德必称位,位必称禄,禄必称用。由士以上则必以礼乐节之,众庶百姓则必以法数制之"。(《荀子·富国》)"夫贤不肖者,材也;为不为者,人也;遇不遇者,时也;死生者,命也。今有其人不遇其时,虽贤,其能行乎?苟遇其时,何难之有!故君子博学、深谋、修身、端行以俟其时。"(《荀子·宥坐》)

这是一个德福相配的等级礼法社会,不仅德与位、位与禄、禄与贡献相称,而且由德决定的尊卑贵贱不同的等级,士以上和众庶百姓是截然不同的两个社会,前者"以礼乐节之",后者"以法数制之",即所谓"礼不下庶人,刑不上大夫"(《礼记·曲礼》),其分际亦在于德行之不同。对于现实中德福不一致的现象,荀子用"时命"来解释. 可见孔子、孟子和荀子的德福观与一脉相承孟子著名的"义命之辩"可以作为先秦儒家德福观的代表。"孔子进以礼,退以义,得之不得曰'有命'。"(《孟子·万章上》)焦循引张尔歧《嵩庵闲话》语解之:"人道之当然而不可违者义也,天道之本然而不可争者命也。"德取之于义,求则得之,君子存心焉;福取决于命,君子修身俟命,志在造福天下苍生,义之不可,即以为命所不有。君子以义安命,胸怀坦荡,泰然自足;小人则不然,以智、力争命,怨天尤人,不择手段。儒家德福观中,德即仁者"修己而安百姓"这一"德福一致"道德理想,幸福即是德行的目的,也包含在实现德行的过程之中。对个人修身而言,德行具有优先性和超越性;对社会正义秩序而言,都强调德福、德位相配,同时希望以德致位;在现实中碰到有德无位的困惑时,都用"时""命"来解释,并主张君子修身俟命或俟时。从强调修德为先、修己造福于人、以德俟时俟命的一贯义理来看,先秦儒家德福观属于德福自足论、德福配当论和时命论的综合。

首先,先秦儒家认为人生价值中"理"的维度所获得的快乐要高于"欲"的维度所获得的快乐。如前所述,人的欲望层次具有多样性,但先秦儒家都把对义的追求看成是高层次的欲望满足。在他们看来,人不能以单纯的利益追求作为行为的出发点,对物质利益的片面追求并不能给人带来精神上的愉悦。追求仁义等道德理性的满足给人带来的是一种无限的、纯粹的心理愉悦和享

受。这种道德理性满足的快乐，才是人生价值的最大化。它使人摆脱了那种以口腹感官之欲的满足为至上追求的人随时都可能感受到的痛苦。"君子所以异于人者，以其存心也。君子以仁存心，以礼存心……是故君子有终身之忧，无一朝之患也。"(《孟子·离娄下》)君子并不是没有忧患，君子终身忧虑自己的本性没有得到充分的发挥，不能像舜那样"为法于天下，可传于后世"。(《孟子·离娄下》)但君子"以仁存心，以礼存心"，"非仁无为，非礼无行"(《孟子·离娄下》)，不在乎外在的一切，无论是贫贱富贵，无论是夭寿吉凶，他都在"孳孳为善"的不懈努力中享受着人所独有的超越性的精神愉悦。人之所以能在为善的过程中享有极大的快乐，在于人在此过程中能够体会到一种不受外在条件限制的自由。物质享乐、感官愉悦这些感性的快乐都需要有特定的外在条件，只有人内在的道德才能是不受到限制。"仁"是存在于人本性之中的，所以"道不远人"。(《礼记·中庸》)只要我们有对道德享受的欲求，我们就可以自我满足。先秦儒家把人生价值的实现看作是一种反求于自身的一种"非由外铄""我固有之"(《孟子·告子上》)的道德自律。孟子曰："故士穷不失义，达不离道。穷不失义，故士得己焉；达不离道，故民不失望焉。古之人，得志，泽加于民；不得志，修身见于世。穷则独善其身，达则兼善天下。"(《孟子·尽心上》)可见，先秦儒家理想人格不是外在的获得性追求，而是内在的道德理性的满足。孟子和孔子一样认为人生价值关键就是获得道德理性的内在满足。一言以蔽之，"止于至善"(《礼记·大学》)是人生最大的价值目标。

其次，先秦儒家认为整体的社会层面的价值目标的实现高于个人一己的人生价值目标。在人与社会的关系中,先秦儒家提倡整体性的社会价值观。先秦儒家认为,个体价值的获得是以符合社会规范与道德理性为逻辑前提的。一个人的价值总是与社会相关联。先秦儒家为了解决个人与社会价值背离的矛盾,逻辑地得出了每个人都想实现个人价值,但应该"推其所为",即重视他人价值。如孔子的"忠恕之道",孟子的"与民同乐",荀子的"裕民以政"等都是为更好地实现个人人生价值而设定的道德前提。道德理性的社会功用也在于它最终是能使每个人都各得其所。荀子甚至认为人之所以有能力实现个体价值就是因为人是"群"的有道德理性的动物。"水火有气而无生,草木有生而无知,禽兽有知而无义;人有气、有生、有知,亦且有义,故最为天下贵也。"(《荀子·王制》)力不若牛,走不若马的人,正是靠"群"的力量,生存于天地间。可见在社会中必须遵守道德规范,否则就真的禽兽不如了。正如马克思在《青年在选择职业时的考虑》中所言:"历史上把那些为共同目标工作而自己变得高尚的人称为最伟大的人物,经常赞美那些为大多数人带来幸福的人是最幸福的人。"①

最后,先秦儒家人生价值观的理欲维度在逻辑进路上必然归于德福一致,即理与欲的统一与一致。"从逻辑的可能性上来说,道德规范与人的幸福之间主要存在着一致或不一致两种类型的关系。从道德规范与人的幸福一致的具体情况来看,道德规范是人得到幸福的必要条件,虽然就特殊、局部的情况来看,道德规范与人的幸福之间存在着不和谐的音符,但从总的趋势上、从根本

---

① 马克思,恩格斯:《马克思恩格斯全集》第40卷,人民出版社2001,第277页。

上来看,它与人的幸福是一致的,而且这与道德规范的普遍认可化程度成正比。"①通过上述对先秦人生价值理欲维度的分析,可以说先秦儒家还是比较全面深刻地认识到了人生价值观的理欲维度及其之间的关系。简言之,先秦儒家认为人生价值既需要物质的保障,但更需要精神的满足,既不能脱离个人主观内在的自我修养,但更要依靠社会整体的有序和谐。"要求道德的正当纯洁优先于政治上有关自身利害的权宜之计"②,并对人的行为有严格的原则性规范,坚决反对为达到目的而不择手段。

从上面的分析中我们知道,先秦儒家的人生价值取向是注重精神享受大于物质享受,社会整体利益大于个人私利,以道德理性满足为乐,其人生价值观的实质是一种带有理想主义色彩的道义论。虽然儒家是当时最有影响的学派之一,但与其他诸子百家地位一样,并不具有一枝独秀的压倒性优势。其所倡导的以道德理性满足为人生价值的最高目标,是在"罢黜百家,独尊儒术"后,才逐渐成为封建社会的主导的人生价值观。

3.2 汉儒董仲舒的人生价值观

汉初,伴随社会时局的动荡,政治上的学派正统地位争夺异常激烈,尤以儒学、黄老之学和刑名法家之学的冲突为甚。思想的对峙,不仅造成了思想观念的混乱,更使社会失去了价值的统一尺度与标准,社会秩序失控风险加大。董仲舒的伦理思想与政治思想是特定时代的产物,由此而宣扬的人生价值论更具有鲜明

---

① 高恒天:《道德与人的幸福》,社会科学出版社,2004,第132页。
② 杜维明:《道学政——论儒家知识分子》,上海人民出版社,2000:北美版自序。

的时代性。董仲舒以人性有善有恶和天人感应为逻辑前提进而得出人人不但有接受道德教化的可能性而且更有其必要性的结论。他整理了前人的伦理思想,提出三纲五常说作为道德教化的法度准绳,要求人们将其作为价值取向的首要目标,做到"正其谊不谋其利,明其道不计其功"。(《汉书》卷五十六,《董仲舒传》)董仲舒构建以三纲五常为价值核心的思想体系的目的就是为了在物质财富相对有限的条件下,能建立社会秩序和谐的大一统的理想国家。可以说董仲舒的人生价值观是先秦儒家道义论人生价值观的进一步发展,在重视个人以道德理性满足价值目标的同时,更加强调社会秩序所给予人之价值的重要性。汉儒董仲舒的人生价值观实质是以恪守纲常道德为途径,以追求社会秩序为美的道义论人生价值观。

3.2.1　以义为乐中和为美的价值标准

董仲舒建立中和"天人"价值观的前提是将"天"人格化,拉近"天"与人间的距离。董仲舒对天的理解建立在对天原始崇拜的基础之上,他将西周以来抽象的"天"具体化,给"天"赋予人格神的意味。这就拉近了"天"与人间的距离,回到原始宗教在殷商时代的"帝""上帝"同等的地位。在董仲舒看来,天是宇宙万物的创造者。他说,"天者万物之祖,万物非天不生"(《顺命》)。"天者,万物之祖,万物非天不生"(《顺命》)。"天者,百神之大君也"(《郊语》)。这是最为重要的崇"天"价值观建立的信仰基础,寻找到了核心价值观的权威性来源。

天不仅是万物之祖,关键是"天"对万物有仁爱之心。他说:

"天常以爱利为意,以养长为事"(《王道通三》)"天地之生万物也以养人,故其可食者以养身体,其可威者以为容服,礼之所为兴也。"(《服制象》)还说:"天之生人也,使人生义与利。利以养其体,义以养其心。心不得义不能乐,体不得利不能安。"(《身之养莫重于义》)"天"还具有仁的品质。"天,仁也。天覆育万物,即化而生之,有养而成之。事功无已,终而复始,凡举归之以奉人。察于天之意,无穷极之仁也。人之受命于天也,取人于天而仁也。"(《王道通三》)

"天"具有道德性,是高尚的。这是崇"天"价值观建立的品格基础。在董仲舒看来,天从来不为自己所做的一切去炫耀。"天高其位而下其施,藏其形而见其光。高其位,所以为尊也;下其施,所以为仁也;藏其形,所以为神;见其光,所以为明。故位尊而施仁,藏神而见光者,天之行也。"(《离合根》)这样一个人格化的神,主宰着万物,生长着万物,却从来不居功自傲,从来不邀功请赏,这就是"天"。

董仲舒认为,天与人在自然上是同类,在构造上、情感上是相似甚至相同的。这也是崇"天"价值观确立的重要的生物学和社会学基础。他说:"为生不能为人,为人者天也。人之为人本于天。"(《为人者天》)"天地之符,阴阳之副,常设于身。身犹天也,数与之相参,故命与之相连也。"(《人副天数》)所以在他看来,人的形体乃"化天数而成"。具体言之,"天以终岁之数,成人之身,故小节三百六十六,副日数也,大节十二分,副月数也,内有五脏,副五行数也。外有四肢,副四时数也,乍视乍暝,副昼夜也,乍刚乍柔,副冬夏也,乍哀乍乐,副阴阳也,心有计虑,副度数也,行有伦理,副天地也。"(《人副天数》)还有,"人之形体,化天数而成;人之血气,化天志而仁;人之德行,化天理而义;人之好恶,化天之暖清;人之喜怒,化天之寒暑;人之受命,化天之四时;人生有喜怒哀乐之答,春秋冬夏之类也。"(《为人者天》)总之,"身犹天也,数与之相参,故命与之相连也。"(《人副天数》)同时,他认为"天"具有像人一样的品格,"天亦有喜怒之气,哀乐之心,与人相副。以类合之,天人一也。春,喜气也,故生;秋,怒气也,故杀;夏,乐气也,故养;冬,哀气也,故藏。四者,人之同有也,有其理而一用之"(《春秋繁露·阴阳义》);如此等等。在董仲舒看来,人就是宇宙,宇宙就是人。"他实际上是把自然拟人化了,把人的各种属性,特别是精神方面的属性,强加于自然界,倒转过来再把人说成是自然的摹本。"董仲舒还用逻辑的方法来论证崇"天"信仰确立的基础。他推崇所谓的"天之大数""十"。他说:"天之大数,毕于十旬。旬天地之间,十而毕举;旬生长之功,十而毕成……人亦十月而生,合于天数也。是故天道十月而成,人亦十月而成,合于天道。"(《阳尊阴卑》)"天、地、阴、阳、木、火、土、金、水,九,与人而十者,天之数毕也。故数者至十而止,书者以十为终,皆取之此。"(《天地阴阳》)这就是说,在董仲舒那里,"十"是一个自然之数,也是个圆满之数,故而不只具有信仰意义,而且还具有神秘意义。在董仲舒的价值观念体系中还有数字"三"等,比如他说:"王道之三纲,可求于天。"(《基义》)还提出了"三统""三正"说。董仲舒通过这些逻辑的推演来论证"天"的崇高性,从而为其确立的崇"天"价值体系打下坚实的基础。

人生价值并不是单一的某种需求的满足,而是人的物质需求

与精神需求的全面满足。董仲舒继承了先秦儒家人生价值观,认为利与义的需求都有其现实的合理性。董仲舒说:"天之生人也,使人生义与利。利以养其体,义以养其心。"(《春秋繁露·身之养重于义》以下凡引《春秋繁露》皆注篇名)人无利就没有生存的物质基础,而离开了义就无法正常地立足于社会。董子在这里并没有简单地否定人生价值的物质维度,而是认为利与义都是天所赋予人的正当合理的需求。与先秦儒家不同,董仲舒所说的利,是客观必然性存在的利,是符合"天道"的利。他说:"天之常意在于利人"(《止雨》),强调"利"是"天"给予的。还说:"天常以爱利为意,以养长为事"(《王道通三》),因此断言:"天虽不言,其欲赡足之意可见也"。(《诸侯》)但正如张岱年先生所说:"在伦理学领域内,仅仅肯定物质生活是精神生活的基础,是远远不够的;还应肯定精神生活具有高于物质生活的价值。"①董仲舒也继承了先秦儒家轻视物质维度的观点,认为"利"只是代表低层次的物质满足,其作用是"养其体",而"义"则代表高层次的精神满足,其作用是"养其心"。虽然他强调"心不得义不能乐,体不得利不能安"(《身之养重于义》),但毕竟"体莫贵于心",所以"养莫重于义"。既然"心"贵于"体",那么养心之义就要贵于养体之利,"义之养生人大于利。"(《身之养重于义》)由此可见,董仲舒的人生价值观依然强调道德的绝对地位,并以"天"作为这种理论的合法性基础。这无疑加重了人生价值观中道德理性维度的分量。

董仲舒所要教化的对象就是"喜怒哀乐之未发"(《礼记·中

---

① 张岱年:《中国伦理思想史》,上海人民出版社,1989,第25页。

庸》)的"中民"。董仲舒又从天道的角度出发把人性神学化,他否认孟子、荀子具有共同善恶的人性论,把人性分为三品。上品是不教而善的"圣人之性",具备这种人性的只是极少数的最高统治者,即社会控制的现实主体;下品是教而不善的"斗筲之性",特指奴婢与罪徒;中品则是待教而后善的"中民之性"。"人受命于天,有善善恶恶之性,可养而不可改,可豫而不可去。"①董仲舒之所以不厌其烦地运用比喻来说明"性"与"善"的区别,其目的在于论证人性中仅仅是存在"善质",而非"善"。可能性与现实性还有着很大的差距。因为在他看来"中民之性"是一种没有先天道德内涵的自然素质,既可以发展成善,也可能堕落为恶,即:"身亦两有贪仁之性"。(《深察名号》)因此,为克服贪性避免堕落为恶,就必须以"中和"为度。而从治国方面说,只有通过"度制"调均,使富不至于骄,贫不至于忧,无骄无忧,情欲适中,才可以使人为义循礼,国家得以治理。如果相反,情欲无度,失其中和,就会走向反面。总之,人性中的贪与仁,二者不可或缺,而中和是其最根本的法则,"德莫大于和"。(《循天之道》)董仲舒又把中和归结为"理",他说:"中者,天地之美达理也,圣人之所保守也。《诗》云:'不刚不柔,布政优优。'此非中和之谓与?"(《循天之道》)在这里,董仲舒把"中和"看成是通向人生美善的唯一途径,而要实现"中和"之理的前提恰恰是贯彻封建道德之理。董仲舒认为,情欲之中和,是需要通过"极理"来实现的。所谓"极理"就是要"循三纲五纪,通八端之理"。(《深察名号》)规范人们的行

---

① 董仲舒:《春秋繁露》,中华书局,2012。

为、稳定社会秩序的伦理道德不能依赖于人性的自发成长,而必须依靠王道教化。只有这样才能实现人生价值的最高层次。至此,董仲舒通过对人性中贪与仁的辩证分析,从逻辑上引申出了遵循封建纲常道德是人们实现人生价值的必要途径。

3.2.2 恪守纲常的人生价值途径

董仲舒以《春秋公羊学》为基础,整合黄老道家、阴阳家的思想,在天地人三才的基本构架下以天人感应的逻辑理路构建五常核心价值观。《春秋繁露·五行相生》提出了"天地之气,合而为一,分为阴阳,判为四时,列为五行",其思想体系即以天地——阴阳——四时——五行为逻辑顺序展开。《春秋繁露·五行相生》曰:"东方者木,农之本。司农尚仁,进经术之士,道之以帝王之路,将顺其美,匡救其恶……本朝者火也,故曰木生火。南方者火也,本朝司马尚智,进贤圣之士,上知天文,其形兆未见,其萌芽未生,昭然独见存亡之机,得失之要,治乱之源……司营者土也,故曰火生土。中央者土,君官也。司营尚信,卑身贱体,夙兴夜寐,称述往古,以厉主意……司徒者金也,故曰土生金。西方者金,大理司徒也。司徒尚义,臣死君而众人死父。亲有尊卑,位有上下,各死其事,事不踰矩,执权而伐……司寇者,水也,故曰金生水。北方者水,执法司寇也。司寇尚礼,君臣有位,长幼有序,朝廷有爵,乡党以齿……司农者,田官也,田官者木,故曰水生木。"以木、火、土、金、水"五行"分别对应以配司农、司马、司营、司徒、司寇"五官",五官为政分别以仁、义、礼、智、信"五常"为本,以五行相生为原理,顺之则治,逆之则乱。一方面,董仲舒论证了"五常"取法于天,符合天道之"五行",使"五常"有了形而上的本源;另一方面,董仲舒再以"五常"道德价值为本,借用"五行"结构相生原理对政府机构之间互相协助进行制度设计,试图以伦理秩序为基础重建政治秩序。不过,董仲舒将五行与五常相配,木配仁,火配智,土配信,金配义,水配礼,这种配法只有木配仁、金配义与后来的配法相一致,火配智、水配礼不见于后儒之说,而在土配信还是配智的问题上则一直存在着分歧。在"五常"中,董仲舒分别探讨了仁与义、仁与礼、仁与智的关系,也重视信。

关于仁与义,董仲舒在前人基础上做了创造性诠释,区分人与我来讨论"仁"与"义"的关系,说明"仁"与"义"所应用的对象与所起的作用是不同的,试图把自我修养与待人处事的关系确立起来。在他看来,《春秋》的主旨是处理人与我的关系,而"仁"与"义"就是处理人与我关系的基本标准,"仁"是用来安人、爱人的,"义"是用来正我的。"以仁安人,以义正我;故仁之为言人也,义之为言我也,言名以别矣。""仁之法在爱人,不在爱我;义之法在正我,不在正人。""仁者爱人,不在爱我;义在正我,不在正人。"(《春秋繁露·仁义法》)。这就是与"人"与"我"对应的"仁"与"义"的基本含义与相对关系。进一步到修养层面,董仲舒提出了"以仁治人,以义治我"的思路。董仲舒为什么要对仁与义这样的区分呢?他认为这个问题一般人不能区分清楚,就造成人们常常用仁来宽待自己,用义来要求别人。这既违背自己的处境又违背常理,必然会导致人际关系的混乱。另外,主要是担心为政者偏于以仁义之术治人而不知以仁义为本自治,所以结合孔子"躬自厚而薄责于人"与《春秋》之旨对仁与义进行了区分。

关于仁与礼的关系,典型地见于董仲舒对司马子反故事的诠释。司马子反在交战中与敌方私自讲和撤兵,固然是出于仁爱之心,但在当时是违背礼制的。董仲舒解释说:"《春秋》之道,固有常有变,变用于变,常用于常,各止其科,非相妨也……今子反往视宋,间人相食,大惊而哀之,不意之到于此也,是以心骇目动而违常礼。礼者,庶于仁、文,质而成体者也。今使人相食,大失其仁,安著其礼? 方救其质,奚恤其文?"(《春秋繁露·竹林》)在董仲舒看来,按照当时礼制,司马子反是违反了常礼。从常变观看他有仁爱之心为常,其行为是变,他的作为是以变返常;从文质关系看,仁是质,礼是文,因仁而违礼不是无礼之意,正体现了质为文之体。这里董仲舒由《春秋》常变、文质关系来诠释仁礼关系,以仁为常、为质,礼为变、为文,在孔孟的基础上对仁礼关系的阐释有所深化。

关于仁与智,董仲舒在荀子"既仁且智"的基础上提出"必仁且智"。《春秋繁露·必仁且智》云:"莫近于仁,莫急于智。不仁而有勇力才能,则狂而操利兵也;不智而辩慧猾给,则迷而乘良马也。故不仁不智而有才能,将以其材能以辅其邪狂之心,而赞其僻违之行,适足以大其非而甚其恶耳。其强足以覆过,其御足以犯诈,其慧足以其辨足以饰非,其坚足以断辟,其严足以拒谏……仁而不智,则爱而不别也;智而不仁,则知而不为也。故仁者所以爱人类也,智者所以除其害也。"董仲舒认为不仁而有勇、力、才、能,就好像是狂悖的人还拿着锋利的武器,会干出坏事来;不智而辨、慧、猾、给就好像迷路却骑着好马一般,达不到目的。如果是不仁不智而有才能,问题就更严重了,因为如果既有邪狂之心,又有避讳之行，会做出许多坏事来。仁与智都同等重要，相辅相成，不可分割。仁是正面爱人，智是反面除害。正反两面合二为一，仁智统一，才能养成完美的人格。

董仲舒也重视"信"，他从《春秋》经中的诸侯会盟概括信，"《春秋》之义，贵信而贱诈。诈人而胜之，虽有功，君子弗为也。是以仲尼之门，五尺童子，言羞称五伯，为其诈以成功，苟为而已矣。"(《春秋繁露·对胶西王越大夫不得为仁》)《春秋》大义讲信用，不诈伪。以诈伪取胜是君子不肖做的，孔门后学不愿意讲五霸的事迹，就是因为五霸是以诈伪取得成功的，是苟且行为。他依据《春秋》讨论"礼"与"信"的关系："《春秋》尊礼而重信，信重于地，礼尊于身。"(《春秋繁露·楚庄王》)正因为这样，他把"信"列入"五常"，但对"信"在"五常"中与其他观念，以及仁、义、礼、智、信之间的相互关系的论证还不够充分，这是他五常构建的不足之处。

董仲舒之后纬书《易纬》主要是以"五行"配"五常"，论证其天道依据，人性本源，以及与人身体的关系。《周易·乾凿度》卷上说："人生而应八卦之体，得五气以为五常，仁、义、礼、智、信是也。夫万物始出于震；震，东方之卦也，阳气始生，受形之道也，故东方为仁。成于离；离，南方之卦也，阳得正于上，阴得正于下，尊卑之象定，礼之序也，故南方为礼。入于兑；兑，西方之卦也，阴用事而万物得其宜，义之理也，故西方为义。渐于坎；坎，北方之卦也，阴气形盛，阴阳气含闭，信之类也，故北方为信。夫四方之义，皆统于中央，故乾、坤、艮、巽位在四维，中央所以绳四方行也，智之决也，故中央为智。故道兴于仁，立于礼，理于义，定于信，成于

智。五者,道德之分,天人之际也。圣人所以通天意,理人伦而明至道也。"显然,这里以卦气说中的四正四维的八卦方位为框架,将五行与五常相配,建构了一种以五常为内容的伦理体系,用来附会说明仁、义、礼、智、信五常与五方之气相应,即人伦之五常源出于五气,合于天道。与董仲舒不同的是,《乾凿度》以火、南为礼,而董仲舒以火、南为智;《乾凿度》以水、北为信,而董仲舒以水、北为礼;《乾凿度》以土、中为智,而董仲舒以土、中为信。二者相同的是都以木、东为仁,金、西为义。

　　《白虎通义·五经》云:"经,常也。有五常之道,故曰《五经》。《乐》仁、《书》义、《礼》礼、《易》智、《诗》信也。人情有五性,怀五常不能自成,是以圣人象天五常之道而明之,以教人成其德也。"把"经"解释为"常",以五经配五常,说明《五经》是仁、义、礼、智、信核心价值观的集中体现,开示了互相依存,互相配合的五种人生完备的常道,具有普适性和权威性,圣人通过《五经》明天之五常之道,借以教化世人成就德行。《白虎通义·性情》还提出:"五性者何谓? 仁义礼智信也。仁者,不忍也,施生爱人也。义者,宜也,断决得中也。礼者,履也,履道成文也。智者,知也,独见前闻,不惑于事,见微知著也。信者,诚也,专一不移也。故人生而应八卦之体,得五气以为常,仁义礼智信是也。"这是从人性的深处对"五常"的阐释,说明人为什么能有仁、义、礼、智、信的德行,是因为人生而应八卦之体,得天之五气。这里尽管也援引了《乾凿度》"人生而应八卦之体"之说,但在以五常配五行问题上,却采用了《元命苞》《河图》《孝经纬·钩命决》的配法,并认为五性内藏于五脏,即肝仁,肺义,心礼,肾智,脾信。这里系采用今文《尚书》之说，以五藏配五常，以五行原理说明五藏所以五常的道理，概括出五行→五藏→五常的逻辑关系，论证的更为细致，对西汉以来儒者的讨论做了总结。

《白虎通·三纲六纪》对"三纲"进行了明确而翔实的阐述，"三纲者何谓也？谓君臣、父子、夫妇也……《含文嘉》曰：君为臣纲，父为子纲，夫为妻纲。"三纲的实质就是把以"父为子纲""夫为妻纲"的家庭伦理关系扩大为"君为臣纲"的君臣伦理关系，由在家庭中的子听命于父、妻听命于夫，推广到在社会上臣听命于君，由此形成了一个有序的封建宗法等级关系。为了论证三纲五常的合理性，让纲常真正内化于人心，董仲舒又用天的权威进行了论证。他构建了天人感应的政治哲学。尽管董仲舒也讲，"天地人，万物之本也。""天""地""人"的地位却并非具有平等性，而是有着不可更改的顺序性。即"为人者天也"，人是被天创造出来的，因此人的一切社会行为都须顺应天意。但"天"只是客观精神实体。董仲舒说："为人道可以参天"，又说："天为君而覆露之，地为臣而持载之；阳为夫而生之，阴为妇而助之；春为父而生之，夏为子而养之，秋为死而棺之，冬为痛而丧之，王道之三纲，可求于天。"（《基义》）正因为"王道之三纲，可求于天"，故以君为臣纲、父为子纲、夫为妻纲是天然合理的，毋庸置疑的。董仲舒还认为，金、木、水、火、土五行之自然属性，表现在人身上必然就是仁、义、礼、智、信之五种社会道德属性。换句话说，五常之德是副自然之五行之性的，因而具有至上的权威。"对董来说，天人之间的彼此交通感应、协和统一以取得整个结构的均衡，稳定和持久，这就是'道'既是'天道'也是'人道'，既是自然事物的运行法则，也是人

间世事的统治秩序。"①这样，作为人道的纲常就有了源于天道的依据，万世不易，"天不变，道亦不变"（《举贤良对策》三）。经过董仲舒苦心孤诣的营造，三纲五常作为一个终极秩序得以确立。

对纲常的遵循，何以能实现人生价值呢？董仲舒的论证还是归于神圣的天。董仲舒从天人感应出发，以天规定人的情感。他认为，人的喜怒哀乐对应着天的春夏秋冬，天的四时递嬗有其自然的节律，人的情感表达有其自身的法则。四时应节而至，喜怒哀乐"有时而当发"，（《威德所生》）情感的法则导源于天的节律。他断言："人之血气，化天志而仁；人之德行，化天理而义；人之好恶，化天之暖清；人之喜怒，化天之寒暑；人之受命，化天之四时。人生有喜怒哀乐之答，春秋冬夏之类也……天之副在乎人，人之情性有由天者矣。"（《为人者天》）即人必须化天之情欲而为人之情欲。如果人欲违背了天欲，天就会通过自然的灾异对人"谴告之""惊骇之"，直至"殃咎乃至"。相反，人欲若同于天欲，天也会通过自然途径对人进行奖赏。人必须"谨案灾异以见天意。天意有欲也，有不欲也。所欲所不欲者，人内以自省，宜有惩于心；外以观其事，宜有验于国"。（《必仁且智》）所以，董仲舒认为人的欲望应该服从天欲。而依照三纲五常而为，就是"随天之终始"。（《天容》）他断言："仁，天心。"（《俞序》）"夫仁、谊、礼、知、信五常之道，王者所当修饬也。五者修饬，故受天之佑而享鬼神之灵，德施于方外，延及群生也。"（《举贤良对策》一）因为天志不可违，所以必须循五常而节欲。他说："天有阴阳禁，身有情欲桎，与天

---

① 李泽厚：《中国古代思想史论》，天津社会科学院出版社，2003，第142页。

道一也……天之禁阴如此,安得不损其欲而辍其情以应天?"(《深察名号》)因为天禁阴,所以人当副天禁贪而崇仁,以与天道保持一致。从天人合一出发,人就要"上揆之天道,下质诸人情"。(《举贤良对策》三)又因为"道之大原出于天"(《举贤良对策》三),所以人所追求的目标就是"人理之副天道也"。(《王道通三》)"天人之际,合而为一,同而通理,动而相益,顺而相受,谓之德道。"(《深察名号》)"因此,人们的生产,生活乃至整个生命在最终意义上决定于外在的必然,这种外在的必然是整个宇宙包括自然界和人类社会的主宰,它决定着宇宙万物的运动变化,决定着人类社会的根本秩序,也决定着人的生活和命运。在这种状况下,天被提升,抽象为绝对超越的至上本体,人只有服从天,尊崇天,复归于天才能够实现自己的价值,完善自己的本质。"①董仲舒把天作为了人间万物,宇宙秩序的终极依据。恪守三纲五常就是对天的尊崇,就能实现人生价值。

董仲舒认为,人生价值的社会维度更要依赖三纲五常的道德规范的秩序保障。在社会生活中,如果每个人都以三纲五常为自己行为的准则,那么人们就会安分守己、相让不争;如果食色等情欲失去了礼的节制,就会放任自流,纷争暴乱。但这种节制,不是片面地消灭一切欲望,对于正当的"非夺之情",应该"安其情"。(《天道施》)如果可以化道德的要求为人的习俗,使老百姓自然而然、心安理得地生活在封建秩序之中,就可以提防人的情欲的泛滥,以达到"中和"之理。"节欲顺行则伦得。"(《天道施》)节制

---

① 唐凯麟,张怀诚:《成人与成圣——儒家伦理道德精神》,湖南出版社,1999,第235页。

情欲所需要的道德亦即是"理"。董仲舒所强调的"循理"亦即遵循三纲五常的封建道德规范。否则,"使人人从其欲,快其意,以逐无穷,是大乱人伦,而靡斯财用也,失文采所遂生之意矣。上下之伦不别,其势不能相治,故苦乱也。嗜欲之物无限,其数不能相足,故苦贫也。"(《度制》)只有在"纲常"与"度制"下人们才能合理控制自己的欲望,居其位而不乱,安其贫而不争,才能保持社会的稳定和谐,实现人生价值。

值得注意的是董仲舒并不是禁欲论者,他充分肯定情感之于人的重要性,他反对的只是"大乱人伦"(《度制》)的放纵情欲。纵欲必然会遮蔽人性中的善质,造成个体人格的残缺,个人与社会的紧张对立。因而以三纲五常来规范情感的表达就显得十分必要。荀子虽然主张"以道制欲",但节制到何种程度才能使"天理"与"人欲"统一起来,这一点却并未澄清。相比之下,董仲舒就厘析得十分精辟。董仲舒认为天有阴阳,人有"贪仁之性",天禁阴而任阳,人也要"损其欲"。(《深察名号》)但是,规范情感并不意味着剥夺情感,而是为了"极理以尽情性之宜"。(《符瑞》)通过三纲五常等一系列伦理的规范,普遍性的伦理原则得以贯彻实现,个体情感也得以充分表达,情与理分别趋向各自的边界。这个边界既将情与理进行了区别,又把二者统一起来。董仲舒说:"夫礼,体情而防乱者也"(《天道施》),礼是体达情感欲求而产生的理性规范,它又反过来制约无止境地追求情欲的满足。这样,源自"天"的"纲常"被教化与民,并由此深入人性之中,彰显人性中的善质。通过教化,人对纲常的接受从被动到主动不断地深入人性,从而让这种外在的力量内化为道德情感,并外化为和谐的社会秩序。在董仲舒眼中有序的社会才是最理想的社会,因此可以说,董仲舒的纷繁复杂的天人关系、伦理纲常、人性理欲的论证,其最终目的就是为了建构一个井然有序、和谐幸福的大一统封建王国。

3.2.3 大一统的秩序之美

秦始皇统一中国之后,传统意义上的大一统观念开始逐步显现。秦朝的大一统格局,使维护既成的统一国家成为后世朝代的政治需要。秦朝短暂存在及消亡以及汉初统治者继位时的混乱局面,使得"大一统"思想在文化层面的建设成为当朝思想家们的当务之急。针对文化统一层面,董仲舒之前的儒家学者们,不是没有做过尝试和努力。文帝即位时,贾谊便提出,此时应该从改正历法、变易服色、订立制度、决定官名、振兴礼乐等几个方面更改各项法令,西汉建立至汉文帝,天下和乐,百姓安居乐业,休养生息政策得到落实,文景之治景象即将呈现。贾谊通过草拟各种仪法,崇尚黄色,遵用五行之说,创设官名等改革方式,完全改变了秦朝的旧法。这其实已经是儒家一统思想的发端。

首先,董仲舒认为如果"师异道,人异论,百家殊方,指意不同",就无法完成"大一统"中思想一统的建设。只有首先完成思想上的一统原则,才能为百姓的日常行为准则提供必要的法度支持,更好地巩固维护当时社会的政治一统。用思想统一巩固政治统一,这是董仲舒汉代政治"新儒学"的灵魂。在其提出的"天人三策"中,以儒学为基础,具体阐述了天人感应理论,主张兴太学、求贤才,特别提出了"罢黜百家,独尊儒术"。《春秋》大一统者,

天地之常经,古今之通谊也。今师异道,百家殊方,指意不同,是以上亡以持一统;法制数变,下不知所守。臣愚以为诸不在六艺之科孔子之术者,皆绝其道,勿使并进。邪辟之说灭息,然后统纪可一而法度可明,民知所从矣。"意思就是说《春秋》讲"大一统"思想,是千百年以来亘古不破的道理。各家各派所秉承不一样的观点,哪怕是普通人也是各自有各自的理解。正因如此,使得统治者无法将各家各派的思想完整系统地统一起来。同时,如果法令制度的频繁变更,将会导致臣民不知所守。从而,董仲舒提出了其思想一统应遵循的原则:凡是不在六艺之内,即礼乐射御书数之内,与孔子学说相偏离的言论,应从根源上杜绝其兴起,以避免与儒家思想产生分歧。这样一来,天下便有了一致的条文和法令,即董仲舒的"新儒学",使得人们有法可依,在儒家学说思想的指导下有序安定的生产生活。汉武帝认识到了将思想统一于儒术的重要性,依据董仲舒提出的"独尊儒术"的理论根据和现实价值,欣然采纳,并且在全国迅速推广。

正确理解"罢黜百家,独尊儒术"的内涵,有助于我们深层次挖掘"大一统"思想一统的精髓。同秦始皇实行的"焚书坑儒"不同,独尊儒术并非将诸子百家消灭,仅保留儒家学说;也不是现代学术界认为的"文化专制",将儒家学说奉若神明。"独尊"不是所谓的"独存",百家思想并没有被"罢黜",也没有被剥夺在社会文化中的生存权利。只是儒家学说被尊为正统的政治思想,从思想一统的政治角度出发,大大突出了儒家文化的主体地位。同"焚书坑儒"比较可以看出,"焚书坑儒"是对自治性学术的强迫取缔,严厉禁止朝堂之外的学术思想交流活动,尤其是对各家各派在朝堂之外对天子及朝廷事务发表评论的强烈取缔。而"独尊儒术"的政治内涵则要温和很多,董仲舒完全依据"儒术"制定条文法令,为汉武帝确立"新王官学",政府仅为儒生提供必要的官职。其并没有消灭其他各家的思想,要求政府禁止各家的活动。说到底,董仲舒的"罢黜百家,独尊儒术",不过是剥夺了儒术之外的百家晋升权力机构的权利罢了。

　　汉武帝明白,治理国家仅仅依靠"独尊儒术"是远远不够的,各家的学说和思想都需要借鉴和采纳。这也为没有消灭诸子百家学说提供了理论支持。当然,汉武帝时非常重视儒家学说确是事实。"五经博士"的设立,体现了汉武帝对儒家学说的重视程度。"五经博士"是在政府里专门设置的,用来传授弟子儒家学说的专家。弟子们在专家们的指导下攻读儒家经书,每年考试一次,凡通过一经的弟子就可以做官。逐渐的,认真研读儒家经典、取得优异成绩便成了人们入仕的唯一途径,其他诸子百家学说的淘汰只成为时间问题。这是"独尊儒术"的历史必然,与有意将百家罢黜消灭有本质的区别。这样一来,在朝廷内,做官的人依靠董仲舒的儒家思想来辅佐君主治理天下;在朝堂之外,运用儒家思想来教化万民,抚育后代。此时,我们能更好地理解董仲舒"独尊儒术"的含义,那就是不废除百家,即使有些"罢黜百家"的行为也是间接进行的,是"罢黜"而绝不是"消灭"。因为在董仲舒自身的思想体系中,也是兼容并包的,以儒家公羊学为主,还融合了墨家、法家等流派的思想发展而成。所以在当时,对诸子百家学说的研究和探讨仍是合法的。

　　董仲舒的儒家已不仅仅是传统的儒家思想,而是其在天人感

应、阴阳五行学说的基础上,结合了道家、法家、墨家等各家思想,以儒家思想为主的汉代"新儒家"。在墨家的"天志"思想和阴阳五行学说思想的基础上,"大一统"思想建立了"天人感应"的宇宙观,并将其切实运用到朝堂之上的政治生活中。董仲舒的"天志决定论"与墨子"天志"的宗旨不同,"天志决定论"给儒家的纲常伦理学说披上了神秘的外衣,借以证明"王道之三纲,可求于天。"为当时统治者的统治提供合法的理论依据。董仲舒的"大一统"政治思想中蕴含的浓厚"刑名"特色便是大量吸收了道家、法家的思想。对汉初黄老学的吸收,则主要体现为无为论。董仲舒说:"为人君者居无为之位,行不言之教。寂而无声,静而无形,执一无端,为国源泉。"对法家学术的借鉴吸收,主要有"君尊臣卑"的专制理论和"循名责实"的统治手段。最终,董仲舒的政治思想可以归纳为:任德而不任刑,或者叫作德刑并用,以德为主。董仲舒的汉代"新儒学"对我国封建社会"大一统"观念的影响,深沉久远。在当时的汉代社会中,"独尊儒术"成为社会主导意识流和人们思想一统的理论奠基;从整个中国历史发展的长河来看,它成为唯一的官方正统政治思想,使"大一统"在思想层面有了保证。

"屈民而伸君,屈君而伸天"是对董仲舒"大一统"论政治一统的最好归纳。屈民伸君的主旨就是巩固中央集权制度,主要通过对诸侯的权力进行限制从而树立天子的权威。那么,皇帝的权力又由谁来制约呢?那就是天,即屈君伸天。为了社会秩序的稳定和国家政权的巩固,必须让天子的权威得以树立,然而,为了封建社会的稳定发展和封建统治的长治久安,又必须对皇帝的权力进行限制,不让他的私欲无限膨胀,为所欲为。君主集权制度是董仲舒在吸收秦国灭亡和七国之乱教训的基础上,针对汉朝在政治体制上存在的种种问题而提出来的。史学家从政治建制上来说大多认为"汉承秦制",但这种看法其实是不完全正确的。汉朝的建制实际上是既有分封制,也有郡县制,与秦朝还不太一样。除此之外,两个朝代的政治指导思想更是大相径庭。董仲舒需要从理论上论证君主专制的合理性和必然性。如此看来,"大一统"的政治实质就是一切以君王的意志为根本,天下诸侯百姓无论从官位等级到修养教化等方方面面都要一统于当朝统治者。君王的权利又来自于哪里呢?答案是来源于天。之所以这样,除了天人感应和天人合一理论的推论外,另一个解释是:君王作为天之骄子,是"天道"在人间的代言人,服从天命是君主的本职。综上所述,董仲舒的"大一统"思想在政治上的理论建构就是"屈君而伸天、屈民而伸君""君法天,臣法地"的模式,是"大一统"的政治体现。

董仲舒从"大一统"角度提出了"王者爱及四夷"的夷夏观,这是对《公羊传》传统夷夏观的进一步阐发和深入。

首先,董仲舒强调夷夏之别。与《公羊传》的夷夏之辨相比,董仲舒对于夷夏的分辨比《公羊传》中的夷夏之辩更加仔细。从《春秋繁露·精华》一篇中我们就可以看出,《春秋》慎于言辞,对于人伦贵贱和事物大小的命名是很有讲究的。因此对小夷称"伐"而不能称"战",对大夷称"战"而不能称"俘获",对中原诸侯称"俘获"而不能称"逮捕",运用的都是不同的说法。强调的是贵贱和大小不能混淆,反对在言辞上以卑临尊。所以大小不超越

等级,贵贱遵从本分,这才是正常的礼义。这其中蕴含了三层意思,首先,《春秋》注重通过遣词有别来明辨夷夏之别,即对小夷称"伐"而不能称"战",对大夷称"战"而不能称"俘获",对中原诸侯称"俘获"而不能称"逮捕";其次,夷夏被分为三等,根据等级的不同分别对应不同的回避原则;最后还将辨别夷夏为三等的终极目标归纳为"明伦",即是为了维护封建纲常等级制度和明辨尊卑有序的社会需要。《王道》篇也对夷夏之别做出了阐述,即"内诸夏而外夷狄",该篇说:首先对身边的人要亲善,然后吸引远方的人,没有不首先亲善身边的人而能够把远方的人吸引过来的。同理,首先要亲近国内的人,其次才是华夏各诸侯国的人,亲近中原的诸侯国以后,最后才到更加遥远的夷狄,说的是要从身边、从近处开始。从这里可以看出,董仲舒认同《公羊传》的夷夏思想,认为《春秋》是以"亲近来远"辨别夷夏关系,而要实现真正的"大一统",不仅仅在王道教化方面,在地域原则上,也是要由近到远、由亲到疏、由夏到夷的。

　　其次,董仲舒认为夷夏之辨需"从变从义"。董仲舒的夷夏"从变从义",是《春秋》中权变思想的深层演变。"从变从义",从字面理解,指的是夷夏的辨别并不是固定不变的,要根据情况不同做不同的分析,即具体情境具体分析,体现出了一定的辩证思想。"进于夷狄则夷狄之,进于中国则中国之",指出不但要以礼义为标准,更要"从变而移"。《精华》篇说:《春秋》无达辞,从变从义,而一以奉人。"说明《春秋》没有一种通用不变的说法,一切都根据变化,依从道义,两者兼从,一概因势而异。换句话说,无论是夷是夏,当其行为违背传统礼义道德时,就要以对待夷狄的礼数对待它;反过来说,当其行为合乎传统礼义道义时,就要用对待华夏的礼数对待它。权变思想应用于民族观,也是"大一统"的亮点之一。"从变从义"还体现在一个故事中:在《春秋》的通常措辞中,对夷狄部族不给礼遇,只给中原华夏族礼遇,在记载邲之战时,却反了过来。这是因为在《春秋》中没有固定不变的措辞,而是根据事物的发展变化而变化。在邲之战中,晋国的行为如同夷狄一样蛮横无理,但是楚国的做法却像君子,所以改变了措辞来顺应这件事。晋国在战争中忽略了救援民众的本意,缺乏以善待善的诚意,攻击了楚国。所以《春秋》轻视晋国,不让他与贤者一样受到该有的礼遇。这个故事便印证了《春秋》"从变而移"的思想,晋国虽然是中原之国,本该"中国之",却由于其没有爱民之心、以民为本,便"不以中国视之";楚国虽然是蛮夷之国,本该"夷狄之",却因其有爱民之心,便"中国之"。对于郑国,依旧以夷狄视之,是为什么呢? 是因为郑国不讲"义"。"从变从义"的民族夷夏观使"大一统"的民族一统方面更加充实饱满,加速了当时社会民族融合的进程,对于以后国家民族观的发展演变起到了至关重要的作用。

最后,爱及四夷,为实现民族"大一统"提供教化支持。在董仲舒看来,对待那些仰慕中华文化、遵守道德规范、能够以仁爱之心自我约束的夷狄民族要以中国相待,因为,他们同样崇尚华夏的文化,接受着共同的礼义教化,理应接受他们,不能区别对待。既然四海一统,我们有什么理由要对夷狄另眼相看? 这也是"大一统"思想体现出的民族观,王者爱及四夷,针对我们目前民族政策的指导上,也具有非凡的借鉴价值。

　　汉初,为了争取政治上的正统地位,各学派之间产生了尖锐的矛盾和激烈的冲突,特别是儒学与黄老之学和刑名法术之学的冲突接连不断。这些冲突不仅导致思想界的分裂对峙,还给人们的思想观念造成混乱,让整个社会都找不到一个统一的价值标准。失去价值判定标准的群体是无法和谐有序的。恩格斯在《致康·施米特》(1890年10月27日)中曾谈到,"对哲学发生最大的直接影响的,则是政治的,法律的和道德的反映"①。同样,对董仲舒思想体系发生最大甚至是决定性影响的是西汉的政治,其"天"也罢,三纲五常也罢,最终旨意也是在于为社会政治服务。正是基于这样的逻辑前提,董仲舒提出了以"大一统"为核心的政治哲学。当然,董仲舒的政治思想无一不是以天道为起点与归宿的。"天人之际,合而为一,同而通理,动而相益,顺而相受,谓之德道。"因此,人们的生产,生活乃至整个生命在最终意义上决定于外在的必然,这种外在的必然是整个宇宙包括自然界和人类社会的主宰,它决定着宇宙万物的运动变化,决定着人类社会的根本秩序,也决定着人的生活和命运。在这种状况下,天被提升,抽象为绝对超越的至上本体,人只有服从天,尊崇天,复归于天才能够实现自己的价值,完善自己的本质。"②董仲舒认为,社会能够稳定和谐有序不仅仅需要老百姓接受纲常伦理教化,更重要的是统治者这个已然存在的权威要让世人接受。这里的接受不是简单被动地接受,而是从内心中去真正接受。对君主的真正接受需要

---

　　① 马克思,恩格斯:《马克思恩格斯选集》第37卷,人民出版社,1992,第489至490页。

　　② 唐凯麟,张怀诚:《成人与成圣——儒家伦理道德精神》,湖南出版社,1999,第235页。

两个条件作为前提:一方面是专制君主的合法性必须确认,并要深入人心;另一方面则是专制君主本身的道德修养又必须为世人所认同。董仲舒以"王道通三"等牵强附会的说法论证天子是唯一可以与天沟通的社会人。正所谓"取天地与人之中,以为贯而参通之,非王者孰能当是?"董仲舒通过天道等理论将皇权推升到了社会生活中绝对的至尊地位,作为"天"的唯一代言人的天子成为人类社会中的实际控制主体。

虽然董仲舒通过系统的天道理论,论证了君主权力来源的合法性,但他却担心因为专制君主本身道德修养等问题而导致君主"独制于天下而无所制"的糟糕政局。董仲舒在强调天子权威性的同时,为了避免社会控制主体的失控,他又提出"天谴说"来限制制衡君权。为此,他精妙地设计出了社会控制的双重主体。"天"与"天子"都是社会的控制主体,但"天子"同时受"天"所控。作为社会控制的现实主体的皇帝,因其受命于,理论上当然要遵循天的意志。董仲舒认为,天的意志为人一切行为提供依据与标准,契合天的意志可以得到奖赏天的,违背天的意志则会受到天的惩罚,哪怕是天子也不例外。天子享有天所给予权力的同时也承担对天的责任与义务,权利与责任对等。依据"天人感应"理论,如果天子不能有效地按天意去统治国家,天会以灾异发出警告惩戒,直至降临灾祸给予责罚。董仲舒以历史事实为依据指出,皇帝的"天命"并非永远不可更改,能否始终拥有"天命"也在于天,即在于是否符合天意去控制社会。"国家将有失道之败,而天乃先出灾害以谴告之,不知自省,又出怪异以警惧之,尚不知变,而伤败乃至。以此见天心之仁爱人君而欲止其乱也。自非大

亡(无)道之世者,天尽欲扶持而全安之,事在强勉而已矣。"①天
"仁爱人君",天子知错能改是没问题的,但如果不知悔改,则以
"伤败"论处。"天谴说"将社会控制现实主体的权力限制在绝对
主体"天"的范围之内,通过"天"对"天子"的制衡,达到了社会控
制的合理性与平衡性。这样经过制约的权威君主就顺理成章地
成为人类社会控制的现实主体。"君权神授"理论是典型的客观
唯心主义,"天"的实质只是当时封建集权皇帝的影子。"没有统
一的君主就决不会出现统一的神,至于神的统一性不过是统一的
东方专制君主的反映。"②在董仲舒看来,经过内外双向制约的权
威君主就顺理成章地成为人们实现人生价值的绝对依靠。

　　但需要特别指出的是,董仲舒所处的时代不能也不可能为人
们打造出一个完美理想社会体系结构。因此,他以异化的形式为
我们建构了一个以"君"为主的纲常绝对化的理想国。儒家的政
治理论始终是把国视为家之扩大,家国合一,家国一体。《尚书》
中有言:"天子作民父母,以为天下主。"(《尚书·洪范》)董仲舒
承接儒家传统也把君主视为民之父母,恰如梁漱溟先生所指出的
那样:"举整个社会各种关系而一概家庭化之"。③ 总之,董仲舒在
特定历史时期下以"天"为逻辑起点,以纲常为标准,为人们建构
了一整套追求秩序之美的人生价值体系。其人生价值观是对先
秦儒家人生价值观的进一步发展。他认为,由天及君,再由君及
臣民,都应该各顺其位,安于自己恰当的等级位置,这样才能形成

---

①　班固:《汉书》卷五十六《董仲舒传》第二十六,中华书局,2005。
②　《马克思恩格斯全集》第27卷,人民出版社,1992,第65页。
③　梁漱溟:《中国文化要义》,学林出版社,1987,第80页。

良好的社会秩序,才能获得利与义的双重满足,实现人生价值。董仲舒所强调的纲常等级秩序思想与孔子的"正名"思想有着一定的契合,但董仲舒建构的是天道与人道的完整统一,不是单一的道德规范。董仲舒从天的不变秩序推出了人道的不变纲常,并强调人的价值来源于天,依靠于君主,实现于纲常之下。

3.3 宋明理学家的人生价值观

宋儒研究的主要内容即成果,就理气观来说,多数研究者认为二程(即程颢和程颐)把自己的全部学说建立在"天理"这块理论基石之上,这对宋明理学具有开创性意义。针对程颢说的:"吾学虽有所受,天理二字却是自家体贴出来的。"有人认为,"天理"二字古已有之,并非二程提出;亦有人认为,问题不在谁先说出"天理"二字,问题在于使理(或天理)变成最高的哲学范畴。这一点,庄子等人不是这样,二程倒是做到了。关于二程"天理"的含义,研究者一致认为其具有本体论的哲学意义,但对天理作为宇宙本体,是否成为万物的本原而产生万物,见解则有异。对于"气",多数研究者认为,"气"在二程的本体论中具有相当重要的地位,它是构成天地万物的原始材料。万物的形成和演化,都经历了由气化至形化的发展过程。在理气关系上。二程认为理不离气,理为气本和理先气后。

人性论是程朱理学的重要内容之一。对于人性论的来源,许多学者认为除了来源于《中庸》中"天命之谓性"的说法以外,还来源于告子以及张载关于"天地之性"和"气质之性"的观点。对于程颐"性即理"的命题,一些学者将其归结为"心性之学",认为

如果仅从"性理"之义上去理解"性即理"的命题的含义，就不能概括"本心即性"的意义，所以应该联系心性问题去理解"性理"之学。朱熹的人性论是二程人性论的继承和深入，张载、程颐"发明气质之性"可谓"极有功于圣门，有补于后学"。通过反复论证"人性即天理"，从这一理论出发，就得出"率性就是循天理"的结论。

知行问题也是程朱理学的一个重要问题。从总体上说，二程强调重知，知先行后。有学者认为，程颐的全部知行学说，表现出极鲜明的重知的特点，知先行后便是重知的体现。另有学者则在肯定二程的知行观是以知为本，把知与行统一起来的基础上，又指出二程的知行统一观是重知说和乐行说的结合。并认为二程的知行统一观开启了后来王阳明"知行合一"说的先河。朱熹和二程一样认为知先行后，只有先知晓事物的当然之则，才能做出合乎当然之则的行为，否则，人们的道德实践就是一种缺乏理论指导的盲目行为。但先知并非达到"知至才去力行"，而是主张在具体实践中"知行互发"。在知行孰轻孰重的问题上，学者普遍认为朱熹也重视"行"，也有学者明确指出朱熹以为行重于知。

程朱理学的理欲观尤其是二程的理欲观对后世影响极大。有学者指出，中国历史上的理欲之辨大致有三种情况：一是"理存乎欲"；二是"以理节欲"；三是"存理灭欲"。认为二程的理欲观是对历史上理欲之辨的总结和继承，同时又深深地烙上了时代的烙印，他们坚决反对带有唯物主义倾向的"理存乎欲"的观点，极力主张"存理灭欲"，同时也多少吸取了"以理节欲"的部分见解，形成了他们自己的特有的理欲观。这一关于二程理欲观的看法，和许多学者对朱熹理欲观的看法相近,认为朱熹"存天理,灭人欲"的观点,把"天理"和"人欲"对立起来,把封建伦理看作至善至美的东西,而不许人们对之有任何异议。但也有学者提出异议,认为程朱理学的理欲观肯定饮食男女的基本欲望,他们正是在这个基础上坚决反对佛教的禁欲主义的。"存天理,灭人欲"在直接的意义上,"天理"指社会的普遍道德法则,而"人欲"并不是泛指一切感性欲望,而是指与道德法则相冲突的感性欲望,理学所要去的"人欲"并非像现代文学所理解的那样特指性欲,更不是指人的一切自然生理欲望,因此,把理学家叫作禁欲主义者是完全不恰当的。

自宋以降,中国封建社会由鼎盛转入衰微。封建统治者为了稳固统治秩序,加强君主专制。宋儒提出"存天理,去人欲",将人生价值归为纯粹的道德理性维度,彻底否定了物质、感性维度的人生价值取向。程朱理学片面深化了先秦儒家的人生价值观,其人生价值观彻底走向了纯粹的道义论。

3.3.1 理欲之辨

汉儒董仲舒轻忽功利,提出了"正其谊不谋其利,明其道不计其功"(《汉书》卷五十六,《董仲舒传》)的观点,以追求纲常下的秩序之美为人生价值目标。其重义轻利的人生价值取向是对先秦儒家义利关系的继承与发展。宋明理学家则进一步片面深化了这种义利关系,使之对立。如邵雍说:"天下将治,人必尚义;天下将乱,人必尚利。"(《皇极经世书·观物内篇》)程颢说:"大凡

出义则入利，出利则入义。"（程颢、程颐：《河南程氏遗书》卷十一）朱熹更是断言："天理人欲常相对"。（朱熹：《朱子语类》卷十三）陆九渊也说："学者先识义利公私之辨，""此只有两路，利欲、道义，不之此，则之彼。"（《陆九渊集》卷三十五，《语录下》）可以说在先秦儒家义利之辨中，其双向价值选择关系在宋明理学家的那里业已被非此即彼截然对立的关系所取代了。

　　宋明理学家以"存天理，去人欲"为"存养"工夫，他们把"道心""人心"与"天理""人欲"相联系，进而逻辑地推出了"存天理，灭人欲"的问题。其所谓"天理"，尽管有多方面的含义，但主要是理学家的理想境界和道德境界，是人人必须遵守的行为准则。"去人欲"就是"好色、好货、好名等私欲，逐一追究搜寻出来，定要拔去病根，永不复起，方始为快"。（王阳明：《王文成公全书》卷一，《传习录上》）正如张岱年所说："理学家做学问是为实现道德理想而不追求物质利益。这可以说是为道德而道德，是为道德本身具有内在的价值。理学家们注重身心修养，讲'安身立命'又称为安身立命之学。'安身'语出《易传》意谓使生活安定下来，不追求过分的物质享受，'立命'语出《孟子》意谓对命运采取主动的态度，掌握客观实际情况，从而掌握自己的命运。"①张岱年先生一语道破宋明理学家所向往的人生目标所在，而且也区分了两种不同的人生境界"安身"与"立命"。但我认为宋明理学家讲的"安身"所追求的是通过"修身""齐家"而获得道德理性内在的完满与愉悦，而"立命"则不仅仅是"掌握自己的命运"，而是通过

---

①　张岱年：《先秦儒学与宋明理学》，《中州学刊》1983 年第 4 期。

"治国""平天下"来追求外在更深层次意蕴的完满与愉悦。但遗憾的是宋明理学实际上已经抛弃了"穷则独善其身,达则兼善天下"(《孟子·尽心上》)的"安身"与"立命"二者的层次关系。其价值维度的单一由此可见一斑。

张载批判时人:"今之人灭天理而穷人欲,今复反归其天理",认为"灭理穷欲,人为之招也"。(张载:《正蒙·诚明》)张载对理欲的论述虽比较浅显,但却开启了宋明理欲之辩的大门。张载区分了"天理"与"人欲",他认为所谓天理是"能悦诸心,能通天下之志之理",而人欲则是"口腹于饮食""鼻舌于臭味"的"攻取之性"。(张载:《正蒙·诚明》)但张载并没有把人欲简单地看作是恶,而是认为天理能使人认清万物真相,而人欲会使人狭隘。他说:"烛天理如向明,万象无所隐;穷人欲如专顾影间,区区于一物之中尔。"(张载:《正蒙·大心》)所以,张载还没有完全把天理人欲对立起来。欲本身不是恶,只有"殉人欲""穷人欲"的"以嗜欲累其心","以小害大,末丧本尔"(张载:《正蒙·诚明》)的做法才是恶。这里区分了上达和下达两种情况,强调不要以小害大,不要以末丧本。这说明,张载所倾向的价值取向还没有完全否定欲与利的感性维度。

二程深化发展了张载提出的理欲对立关系,使理欲关系彻底对立。首先,他们区分了道心与人心。程颐认为心能体道,完全合道,即"为道心,天理也"。而体现物质欲望的人心则"私欲也。"(程颢、程颐:《河南程氏遗书》卷二十四)值得注意的是,程颐还将公和私融入到了天理人欲、道心人心之中。他说:"义与利,只是公与利也。"(程颢、程颐:《河南程氏遗书》卷十七)天理

道心为公，人欲人心为私，天理道心与人欲人心的区别就在于公与私。这样等同于私的人欲人心就是恶了，体现人欲人心的感性价值也就被合理地置于了人生价值观应有的维度之外了。但是人要在社会中生存，必须有一定程度的利欲，必须有衣食住行等条件，而这些条件无疑就是私。如果以公私划分天理人欲，道心人心，其逻辑结构必然视私欲为洪水猛兽，任何私欲都不能追求，导致人生价值只存在于高高在上脱离现实生活的道德天理之中。其次，程颢和程颐之所以认为人欲是害人精，还在于人欲阻碍了人们对高层次道义价值的认识与追求，让人们无法获得真正的人生价值。他们说："人心莫不有知，唯蔽于人欲，则忘天理也。"（程颢、程颐:《河南程氏遗书》卷二）又说："甚矣，欲之害人也。人为不善，欲诱之一也。诱之而不知，则至于灭理而不知反。故目则欲色，耳则欲声，鼻则欲香，口则欲味，体则欲安，此皆有以使之也。然则何以窒其欲？曰:思而已矣。觉莫要于思，唯思为能窒欲。"（程颢、程颐:《河南程氏遗书》卷二）正是因为"人欲"之害，所以他们提出"灭私欲"的主张，其目的自然是追求"明天理"（程颢、程颐:《河南程氏遗书》卷二十四）的道德层次的人生价值。最后，二程得出了"不是天理，便是私欲"，"无人欲即皆天理"（程颢、程颐:《河南程氏遗书》卷十五）截然对立的理欲关系。至此，先秦儒家人生价值观的双向选择层次已然没有了利欲层次，只剩下了单一的道义维度。理与欲的价值取向已不能兼得，完全不同于先秦义利关系的选择性。

在二程之后的宋明理学集大成者朱熹首先纠正了程颐思想的偏颇，他认为人心不全是人欲，不能把人心等同于人欲，"人自有人心道心"。(朱熹:《朱子语类》卷六十二)因此,朱熹批评了程颐的说法,他指出:"'人心人欲也',此语有病,虽上智不能无此,岂可谓全不是。""若说道心天理,人心人欲,却是有两个心。"(朱熹:《朱子语类》卷七十八)在朱熹看来,道心人心与天理人欲有所不同,道心就是天理,人心则不尽同于人欲。人心包括为善为恶两种可能。"饮食者,天理也;要求美味,人欲也。"(朱熹:《朱子语类》卷十三)合理的饮食欲望是天理,过分的要求美味就是朱熹要灭的人欲。朱熹将人的本能内外欲望做出区分。人的本能是合理的,这不仅不是人欲,而且还是天理,本能之外的欲望,则是人欲,则属于恶。朱熹似乎很客观辩证地解决了天理与人欲的关系,但朱熹所谓的合理的人欲是很有限的,或者可以说是仅仅满足人类生存的底线基本需求。"凡一事便有两端:是底即天理之公,非底乃人欲之私。须事事与剖判极处,即克治扩充功夫随事著见。"(朱熹:《朱子语类》卷十三)非常明确的是,理学家将人欲限制在最低的生存水准上的,即所谓"咬得菜根,百事可做"。(洪应明《菜根谭》)朱熹几乎没有给人欲与天理留下些许重合的空间。他说:"天理有未纯,是以为善常不能充其量;人欲有未尽,是以除恶常不能去其根。"(朱熹:《晦安先生文集》卷十四,《戊申延和奏札五》)在这里,"善"与"恶"对举,"天理"与"人欲"对举,显然朱熹把"人欲"说成是"恶"存在的根源。因此,他对"人欲"甚为贬低,"人欲者,此心之疾疢,循之则其心私且邪。"(朱熹:《晦安先生文集》卷十三,《辛丑延和奏札二》)。朱熹最终的结论必然是天理与人欲不可调和,"人只有个天理人欲,此胜则彼退,彼胜则此退,无中立不进退之理。凡人不进便退也"。(朱

熹:《朱子语类》卷十三）在朱熹看来天理和人欲是不可能同时存在于心中的,"人之一心,天理存则人欲亡,人欲胜则天理灭,未有天理人欲夹杂者。"(朱熹:《朱子语类》卷十三)要想获得合乎"天理"之乐,就必须克服人的私欲,"学者须是革尽人欲,复尽天理,方始是学。"(朱熹:《朱子语类》卷十三)蒙培元先生认为:"正是在这些地方,暴露出朱熹和儒家对人的欲望有一种谨慎的提防和警惕,当然也就限制了个人创造财富、追求幸福的内在动力。精神上、道德上的满足感代替了物质上的追求,仁爱代替了私爱包括情爱,如此等等。"①

由以上的阐述中,我们不难得出以下两点结论:第一,决不可把程、朱所谓的"人欲"等同于今天一般所谓的"欲"。在程、朱的观念体系中,"人欲"一词有着特定的内涵,即专指"私欲"。"欲"包括"人欲",但不等同于"人欲","欲"中还有"天理"。因此,对程、朱而言,所谓"灭人欲",并不是要从根本上灭绝人的一切生理欲望——因为它不该灭也灭不掉,而只是要通过对过分的、不正当的欲求的摈除,把人人生而具有、不可或缺的生理需求恢复到合理的界限之内。正因为如此,所以朱熹反对笼统地谈"禁欲""无欲",他认为佛教在这个问题上的错误就在于"欲驱除物累,至不分善恶,皆欲埽尽"。他讥讽佛教的"无欲"主张是"终日吃饭,却道不曾咬着一粒米;满身著衣,却道不曾挂着一条丝",荒谬可笑。由此可见,程、朱对"人欲"的界定显然不同于今天我们于日常生活中使用这一概念时所赋予给它的内涵。对此,如果缺乏明

---

① 蒙培元:《情感与理性》,中国社会科学出版社,2002,第167页。

辨,无疑会对我们准确地理解和把握程、朱的天理、人欲之辨造成很大的障碍。

第二,与第一点相关联,决不可把"天理"和"人欲"的对立归结为"理"和"欲"的对立。因为"欲"和"人欲"在程、朱这里并不是内涵和外延相等的概念,亦即二者并不是一个东西。程、朱认为,天理和人欲之间的对立实质上是公与私、正与邪的对立。朱熹说:"人只有一个公私,天下只有一个邪正。以天下正大的道理去处置事,便公;以自家私意去处之,便私。"(《朱子语类》卷一三)而公正即是善,私邪即是恶。所以,天理和人欲的对峙与交战归根到底是一场善与恶之间的持久较量。明确以上两点之后,我们再来反观程、朱的天理、人欲之辨就会发现,在形而上的层面,或者说从原理上讲,"存天理、灭人欲"并非是一个不合理的命题。天理只是善,当然要存;人欲只是恶,不能不灭。天理胜,则成其所以为人;人欲胜,则与禽兽无异。所以二程义正词严地说:"存不得天理,更做甚人!"朱熹也是语重心长、严词以告:"圣贤千言万语,只是教人明天理、灭人欲。"其实,程、朱千言万语,其良苦用心也正在于此。

然而,令人遗憾的是,"存天理、灭人欲"作为一般命题的这种合理性却最终被程、朱所赋予给它的具体历史内容湮没和窒息了。本来,名教三纲作为一套与君主专制制度相适应的价值规范,是一种最缺乏人性、最没有理想性的伦理要求,因而是应该被超越和否定的。但是,历史和思维的局限性却使程、朱偏偏把这种需要被超越、注定要死亡的伦理看成了"天理"的真实内容和永恒的表现形式。因此,在程、朱这里,名教三纲就是天理自然,不

得僭越,不容亵渎。这样一来,问题就严重了。君纲、父纲自不必说,单是"夫为妻纲"一条,在历史上就不知枉送了多少人的青春性命。在程、朱眼里,男尊女卑是"常理",夫唱妇随、唯命是从是"常道"。男人可以休妻再娶,而女人则只能嫁鸡随鸡,嫁狗随狗,从一而终。即便是寡妇,即便是贫穷无托、有冻馁之忧者,也决不可再嫁。为什么?因为"饿死事极小,失节事极大"(《二程遗书》卷二十二下)。正因为如此,所以朱熹大力提倡所谓"节烈"。据朱熹曾任知州的漳州《府志》记载,仅漳州一地,自宋以来一直到太平军入漳之前,就有"烈女"4 498 名。其中有所谓"节烈""节孝""节德""贞节""苦节";有所谓"婆媳同孀""三世苦节""五世节妇";有所谓"夫亡投井""自缢""绝粒",等等。凄凄惨惨,令人不寒而栗。所以,清代思想家戴震的一句"人死于法,犹有怜之者;死于理,其谁怜之"(《孟子字义疏证》卷上)的控诉,引发了后世人的普遍共鸣。"存天理、灭人欲"这一原本极富合理性的命题,到头来却变成了杀人、吃人、泯灭人性的工具,实在是可悲、可叹!不过,说到底,程、朱的局限性并不仅仅是程、朱个人的,而是属于整个儒家的。程、朱天理、人欲之辨在操作层面上所表现出来的对人的权利与尊严的无知和冷漠,恰恰是儒家理论体系固有缺陷所必然导致的结果。纵观儒学发展的历史,人的权利对儒家学者们来说,一直是一个懵然无觉的思维盲点。在他们的观念中,只有人格的平等,而无人权的平等。因此,在儒家的理论和实践中,我们可以看到一种极不相称的情形贯穿始终:一方面,他们高举"人皆可以为尧舜""三军可夺帅,匹夫不可夺志"的旗帜,为唤醒人性的自觉、人格的尊严和平等而高歌呐喊;另一方面,他们又自觉不自觉地充当了君主专制制度的卫道士,为不平等的现实政治提供了一整套冠冕堂皇的理论说教——君君、臣臣、父父、子子;君为臣纲、父为子纲、夫为妻纲。诚然,我们并不怀疑,从主观愿望上讲,以仁为己任的儒者们的一切努力,都旨在使人性的光辉和人格的尊严在现实中得以充分地展现和真正地树立起来,然而,问题的关键却在于,没有人权的平等,人格的平等便失去了真实的基础,到头来,它要么被悬置挂空、固塞于主观之内而不能广被天下、博施济众,要么则向下坠落,扭曲变质,最终沦为一种戕害人性、自我陶醉的精神鸦片。具体到程、朱的天理、人欲之辨来说,他们虽然能够在内涵上对"存天理、灭人欲"做出圆融无碍的解释,从而确立起这一命题在逻辑上或理论上的合理性,但在外延上,在实践层面上,权利平等观念的缺乏却使他们无法把这种合理性真正落实下来。在他们所倡导的三纲伦理中,建基于权利不平等基础上的不合理要求被当成了"天理"而加以颂扬和维护,而属于人的基本权利范畴的合理需要则被当成了"人欲"而要求人们"克之、克之而又克之"。于是乎,在他们这里,善与恶之间、道德与非道德之间便失去了一以贯之的价值判准而变得似是而非、价值混乱。其实,从历史上看,由儒学理论上的这一盲点或局限所造成的价值失准,一直在影响、制约着历代儒者去进行公正合理的道德判断,程、朱所谓"饿死事极小,失节事极大"的判断是如此,就是孔子所谓"父为子隐,子为父隐,直在其中"的判断也同样是如此。从道德到非道德,从合理到不合理,这种价值上的嬗变,显然不是儒者们的主观所愿,但也正因为如此,对此一过程的懵然不知和不觉,才恰恰是真正可悲的事情。

　　陆九渊虽然反对朱熹区别天理和人欲,但在理欲关系的认识上是一致的,都把"欲"作为"恶"的本质内容。这反映了宋明理学两派在制欲立场上的一致性。陆九渊所谓的"欲",仍是"物欲",他也把人的欲望当作"恶"的内容。他说:"夫所以害吾心者何也? 欲也。欲之多,则心之存者必寡,欲之寡,则心之存者必多。故君子不患夫心之不存,而患夫欲之不寡,欲去则心自存矣。然则所以保吾心之良者,岂不在于去吾心之害乎?"(陆九渊:《陆九渊集》卷三十二,《养心莫善于寡欲》)王守仁,更是积极提倡"致良知"的学说。他说:"只要去人欲,存天理,方是功夫。静时念念去欲存理,动时念念去欲存理。"(王阳明:《王文成公全书》卷一,《传习录上》)在王守仁看来"去人欲,存天理"是时刻不能放松的"作圣之功也"。(王阳明:《王文成公全书》卷二,《传习录中·答陆元静》)要成为圣人,就要使内心纯乎天理,无一丝一毫人欲之私。为了能彻底除去人欲,王守仁提出了"日减"的方法,"吾辈用功只求日减,不求日增。减得一分人欲,便是复得一分天理"。(王阳明:《王文成公全书》卷一,《传习录上》)这一方面是为了说明"心"的本体性,另一方面也说明了去除人欲就能获得天理。"心之本体无所不该,原是一个天,只为私欲障碍,则天之本体失了。"(王阳明:《王文成公全书》卷三,《传习录下》)为了寻回"失了"的天理,就必须尽去人欲,"人到纯乎天理方是圣,金到足色方是精"。(王阳明:《王文成公全书》卷一,《传习录上》)这种把人欲作为天理的绝对对立面,必除而后成圣成贤的言论,与朱子的说法是何其相近。可见在宋明理学中尽管派系有别,但都认为理欲关系是截然对立的。

总的来说，宋明理学把理欲关系视为截然的对立，与孔孟义利之辨价值选择关系的基本架构不相符合。价值选择关系与截然对立关系有很大的不同。在价值选择关系中，义与利只有层次的区别，没有绝对的排他性，选择义不一定必须排斥利，选择利也不一定违背义。换句话说，只要合于义，可以追求最大限度的利欲。反过来说，追求最大限度的利欲，并不一定就违反义。而在截然对立关系中，有明显的排他性。因为天理为善，人欲实际上只能为恶。善恶两不相立，结论必然是人生价值只在"天理"。

3.3.2 孔颜乐处

"孔颜乐处"的基本内容一般认为出自《论语》中的《述而》《公冶长》《宪问》《雍也》等章，包括："其为人也，发愤忘食，乐以忘忧，不知老之将至云尔"，"饭疏食，饮水，曲肱而枕之，乐亦在其中矣。不义而富且贵，于我如浮云"，"一箪食，一瓢饮，在陋巷，人不堪其忧，回也不改其乐。贤哉，回也！""老者安之，朋友信之，少者怀之""修己以敬""修己以安百姓""博施于民而能济众""夫仁者，己欲立而立人，己欲达而达人。能近取譬，可谓仁之方也已"。"贫而乐道""富而好礼"，等等。概括地说，就是达则兼济天下，穷则独善其身，知修养，讲礼貌，勤奋好学，乐以忘忧，也是传统儒学追求的最完美的人格和高尚的精神境界。孔子的这一思想提出后，曾长期不被统治者注意，直到唐宋之际才得以为人们提起。

从某种意义上讲，宋明理学家所追求和向往的"孔颜乐处"是其人生价值实现的理想境界。关于孔颜之乐的探讨集中体现了

宋明理学家关于人生价值内涵的界定，是其人生价值观的核心所在。程颐说："昔受学于周茂叔，每令寻颜子、仲尼乐处，所乐何事"。（程颢、程颐：《河南程氏遗书》卷二）这可以说明，周敦颐提出寻求并了解颜回、仲尼为什么在贫贱中保持快乐问题，对二程和整个宋明理学产生了重大的影响。那么周子是如何诠释"孔颜乐处"的呢？他在《通书》中说："颜子'一箪食，一瓢饮，在陋巷，人不堪其忧而不改其乐'。夫富贵，人所爱也；颜子不爱不求，而乐乎贫者，独何心哉？天地间有至贵至爱可求而异乎彼者，见其大而忘其小焉尔。见其大则心泰，心泰则无不足；无不足，则富贵贫贱，处之一也。处之一，则能化而齐，故颜子亚圣。"（周敦颐：《通书·颜子第二十三章》）周敦颐认为普通人以贫贱为人生苦境，以富贵为人生价值的实现，而君子所追求的人生价值是超越于富贵与贫贱之上的"大"，即成贤成圣的理想。人若见其"大"，必忘其"小"。显然，颜回之乐并不是因为贫贱本身有什么可乐之处，而是指他已经超越了贫贱与富贵，达到了一种崇高的精神境界。道德远比富贵更有价值、更可爱，有了它，即使没有富贵，心里也不会感到缺憾，仍会产生一种很充实的"心泰"感。"君子以道充为贵，身安为富，故常泰无不足，而铢视轩冕，尘视金玉，其重无加焉尔。"（周敦颐：《通书·富贵第三十三章》）如果有了这种崇高的精神境界，即使有着人所不堪的贫贱或唾手可得的富贵也不能使其心身失衡或丧失心境的愉悦。由此可知，周子所言之乐实与世俗所言的满足物欲的快乐不同，它是一种内心自足的道德境界。

二程更是对"孔颜乐处"心存无比的向往，并将其作为人生价值的终极目标。程颢诗云："闲来无事不从容，睡觉东窗日已红。万物静观皆自得，四时佳兴与人同。道通天地有形外，思入风云变态中。富贵不淫贫贱乐，男儿到此自豪雄。"（程颢、程颐：《河南程氏文集》卷三）这种乐，其实质是一种内在的精神之乐，是由于拥有内在的道德满足和审美能力而发生的人生体验。蒙培元对此评价道："由于人与自然界已经融为一体，合而为一，因此，才能超越富贵贫贱的区别，感受到最大的快乐。他所说的'豪雄'，不是指英雄豪杰，而是指精神境界。"程颐也把"孔颜乐处"看成是内在道德理性的提升，而且是一种内在的道德自觉，"古人言：'乐循理之谓君子'，若勉强，只是知循理，非是乐也。才到乐时，便是循理为乐，不循理为不乐，何苦而不循理，自不须勉强也。"（程颢、程颐：《河南程氏遗书》卷十八）。通过"正其心，养其性"（程颢、程颐：《河南程氏文集》卷八）实现自我超越，自我提升，达到"与理为一"的境界也就达到了"从心所欲，不逾矩"（《论语·为政》）的境界，也就会把处处都看作是"孔颜乐处"了。他特别强调："颜子在陋巷，'人不堪其忧，回也不改其乐'。箪瓢陋巷非可乐，盖自有其乐耳。'其'字当玩味，自有深意。"（程颢、程颐：《河南程氏遗书》卷十二）很显然，程颐所领悟的孔颜之乐是自乐，即一种自我精神终极体验。所以朱熹在解释程颐所称的"孔颜乐处"时说："程子之言，引而不发，盖欲学者深思而自得之。"（朱熹：《四书章句集注》，《论语集注》卷三，《公冶长》）

　　朱熹认为，孔子和颜子所乐基本是相同的，又说"颜子之乐，亦如曾点之乐"。（朱熹：《朱子语类》卷四十）因此我们可以结合"曾点之乐"来厘清朱熹的"孔颜之乐"。在《论语·先进》篇里曾

点言志时说:"暮春者,春服既成,冠者五六人,童子六七人,浴乎沂,风乎舞雩,咏而归。"夫子喟然叹曰:"吾与点也。"这里描绘的是一个美善交融的精神世界,是道德理性与生命感性的"天人"合一,呈现出圆满自足的情趣与满足。很多儒家(包括理学家)对此赞赏有加,把其当成理想的终极人生境界。朱熹亦感慨道:"曾点见得事事物物上皆是天理流行。良辰美景,与几个好朋友行乐,他看那几个说的功名事业,都不是了。他看见日用之间,莫非天理,在在处处,莫非可乐。"(朱熹:《朱子语类》卷四十)为什么曾点能看到"天理流行"达到"莫非可乐"呢?只因曾点"凡天地万物之理,皆具足于其(吾)身,则乐莫大焉。"(朱熹:《朱子语类》卷三十二)根据"理一分殊"的原则,吾心之理与万物之理本是一理,使天地万物之理皆具足于吾身,便是实现了"心与理一"的境界,自然会体验到"天理流行"之乐。"曾点之乐"正是:"人欲尽处,天理流行,随处充满,无少欠阙,故其动静之际,从容如此。而其言志,则又不过即其所居之位,乐其日用之常,初无舍己为人之意。而其胸次悠然、直与天地万物上下同流、各得其所之妙,隐然自见于言外。"(朱熹:《四书章句集注》,《论语集注》卷三,《先进》)

朱熹也觉察到"曾点之乐"缺乏下学的积累和体认工夫,"曾点见处极高,只是工夫疏略"。(朱熹:《朱子语类》卷四十)如果学"曾点之乐",而"不就事上学,只要便如点样快乐,将来却恐狂了人去也。"(朱熹:《朱子语类》卷四十)因此,朱熹强调只有经过严密的下学工夫,才能体会到真正的"乐"。在朱熹看来,只要像曾子那样省察"天理流行",又自觉地以去除"私欲"为最大快乐,这样的境界就是理想人格境界,这样的快乐才是真正的"孔颜之乐"。朱熹通往"孔颜乐处"的途径是"人人要格物致知,存心养性,去其私欲,察得精英之气则天理明"这样"便可人仁人圣"。(朱熹:《朱子语类》卷四)朱熹实际上是教导人们进行自我修养,存心养性,灭其私欲,存其天理,实现自己的理想人格。对于"孔颜之乐",朱熹同样强调"去欲"的重要性。"颜子不改其乐,是他工夫到后自有乐处,与贫富贵贱了不相关。仁智寿乐,亦是工夫到此,自然有此效验。"(朱熹:《晦安先生文集》卷六十一)朱熹断定只有在事物上求学穷理,才能在"身心上着切体验",才能实现超理性的直觉体验,达到真正乐的境地。在这里,朱子是从道德意义上把"曾点之乐"解释为"人欲尽处,天理流行"(朱熹:《四书章句集注》,《论语集注》卷三,《先进》)的理想境界。他认为:"人之所以不乐者",只是因为"私意未去,如口之于味,耳之于声,皆是欲。得其欲,即是私欲,反为所累,何足乐!若不得其欲,只管求之,于心亦不乐。"(《朱子语类》卷三十一)因此要寻得或体验到孔颜之乐的境界,"惟是私欲既去,天理流行,动静语默日用之间无非天理,胸中廓然",只有这样,才能不因贫穷而"害其乐"。(朱熹:《朱子语类》卷三十一)

在朱熹看来,孔颜之乐并非乐于任何外物,而是乐于自我,是自我以认识"天人合一"为乐,以渗透"性即天理"为乐;以找到自己在宇宙中的位置而为乐;以自己与万物浑然一体而安其所得,"观其自得"为乐;以在"名教"中找到了"自由"为乐。朱熹说:"圣人之心,无时不乐,如元气流行天地之间,无一处之不到,无一时之或息也,岂以贫富贵贱之异,而有所轻重其间哉!夫子言此,

盖即当时所处,以明其乐之未尝不在乎此,而无所慕于彼耳。"(朱熹:《朱子语类》卷三十四)这正是理学家所追求的"同天人""合内外"的最高人格境界。冯友兰先生认为,当人达到"同天人""合内外"的境界后,会得到一种"最高的幸福",这种最高的幸福就是"至乐"。这种乐是一种与感官快乐本质不同的精神享受,是一种"解放和自由的乐"。① 正是所谓:"与万物为一,无所窒碍。胸中泰然,岂不可乐!"(朱熹:《朱子语类》卷三十一)因为圣贤境界能够达到"与万物为一"的高度,自然当面对"箪瓢陋巷""饭疏食、饮水,曲肱而枕之"的时候就会"安其所得"并能够达到"乐亦在其中矣"的境界。因此,朱熹认为孔颜之乐无处不在,在常人看来是苦难不堪的境遇仍是乐处。理学家寻找的乐处不是外在的乐处,而是心中的乐处,是具有超越性的圣贤境界。

到了陆王心学那里"孔颜之乐"更是只在"心"中,不在外物。陆九渊以心为本,因此作为内在自我感受的"乐"也是"理"意义上的乐。陆九渊说:"存心、养心,求放心",便可直觉圣心之灵,体认到"仲尼、颜子之所乐。宗庙之美,百官之富,金革百万之众在其中矣"。(陆九渊:《陆九渊集》卷三,《与童伯虞》)孔颜之乐是"践行到矣",能"洞然融通乎天理"(陆九渊:《陆九渊集》卷三十五,《语录下·荆州日录》),所以乐。至于"曾点之乐"所体现的则是本心(心即理)所具有的完全超功利的境界。陆九渊感叹道:"浸润着光精,'与天地合其德'云云,岂不乐哉!"(陆九渊:《陆九渊集》卷三十五,《语录下·与吴显仲》)王阳明认为"乐"是"心"

---

① 冯友兰:《中国哲学史新编第五册》,人民出版社,1988,第15页。

本真状态,"乐是心之本体。仁人之心,以天地万物为一体,欣合和畅,原无间隔。"(王阳明:《王文成公全书》卷三,《传习录下》)"乐是心之本体,虽不同于七情之乐,而亦不外于七情之乐。"(王阳明:《王文成公全书》卷二,《传习录中·与陆元静书》)"乐"是心原本自然的状态,是未发,而"七情之乐"则是已发的各种各样的状态。喜怒哀乐之的"情"是"心"外在的表现,只要"情"是"心"的自然本真而发,都是"心乐"的表现。哪怕是大哭,只要出于内心仍然是"心"自然的表现,此"心"的状态还是原本的状态,故而还是"乐"的表现。正如王艮所言:"人心本自乐,自将私欲缚;私欲一萌时,良知还自觉;一觉便消除,人心依旧乐。"(《明儒学案》卷三十二,《乐学歌》)可见精神上的至高体验是人所固有,私欲会导致这种自乐隐去或不能达到,只要尽心,消除私欲之累,便可获得精神的内在愉悦亦即获得孔颜之乐。

"孔颜乐处"作为宋明理学的重大课题,是继孔子1000多年之后,被宋儒重新拣起并加以论证和发展的,这是中国儒学发展的可喜现象。洛学作为北宋的重要学派,对后来的朱熹、陆九渊有直接的影响,并与当时的关学相呼应,共同掀起了复兴儒学的时代浪潮,奠定了中国封建社会后期思想文化的基本格局。因此,对由洛、关之学奠基的统治中国人精神生活长达700年之久的宋明理学,给以恰当的评价,是完全必要的。而对由孔子提出到二程尤其大程所阐发的"孔颜乐处"加以专门研究,探索我国封建社会的精神文明建设的规律,对今天构建社会主义和谐社会也不失为一件有意义的事情。

"孔颜乐处"从古代儒家以博施济众和克己复礼为主要内容

的仁学,到周敦颐、二程又赋予人格美和精神美的内容,把它变为人人自然而然的行动,永远无限的责任,成为一种各得其所的理想政治,"随同"的人格和高尚的情操,这在封建社会中是永远不能实现的。程颢"仁者浑然与物同体"的思想,对天人,人己,物我之间的矛盾斗争的严重性和积极作用认识不足,并且主张以内心的手法去实现这种和谐。这就不能不陷入主观唯心主义和神秘主义。但是,它作为一种理想,却是难能可贵的。从理论上讲,"浑然与物同体"强调人的社会性和人际关系的和谐,强调人与自然的和谐,强调个人不能离开他人和社会独立存在,是应该提倡的。从社会作用上看,以天人、人己、物我之和谐为理想,对于培养一代又一代士人,"以天下为己任"的社会责任感,是积极合理的。而且这对结束自魏晋以来,儒门浅薄,佛道释三足鼎立的状况,抨击佛老,维护儒家积极入世,"内圣外王"的人生哲学有积极的意义。

　　宋明理学之所以能在重压下顽强地生长起来,并成为社会主流意识形态,固然有其符合地主阶级根本和长远利益的一面,但也反映了人类生存的某种共同的维度。程颢《秋日偶成》诗后两句讲:"富贵不淫贫贱乐,男儿到此是豪雄。"诗源于《孟子·滕文公章句下》:"居天下之广居,立天下之正位,行天下之大道;得志与民由之,不得之独行其道。富贵不能淫,贫贱不能移,威武不能屈,此之谓大丈夫也。"孟子认为,大丈夫立于天地之间,要行仁义大道。得志的时候,带领百姓一起循着大道前进;不得志的时候,要坚守道的原则,独善其身,富贵不能乱我心,贫贱不能变我志,威武不能屈我节,这才称得起大丈夫。程颢将孔孟"仁义"大道与宇宙本体"天道"("天理")融为一体,以为"识仁"便可"达道",行"仁义"大道,就是循"天道"行事,就可修身、齐家、治国、平天下,并以此作为终生理想,个人出生入死都无所谓,因此是"豪雄"。程颢对门人朋友讲:"凡贫贱富贵死生,皆不足以动其心,真可谓大丈夫者。"(《二程集》第一卷)程颢把他对人生哲学的理解贯穿于日常生活身体力行,表现出一些具有永久价值的生存方式,值得认真体会。

概言之,宋明理学家们从周敦颐到程朱再到陆王都极力探寻并推崇"孔颜乐处",把孔颜之乐当作最高的人生价值境界。诚如学界所公认的那样,孔颜所乐并非乐贫,其实质是寄身心性命于物外的超道德境界。恰恰是这种超道德境界,被宋明理学家片面深化为人生价值的单一维度。

3.3.3　人生价值维度的单一

其一,片面强调理欲关系在价值取向上的截然对立,导致了人生价值维度的单一化。尽管先秦儒家在义利关系的价值取向上表现出了"以利从义"或"重义轻利"的特征,但先秦儒家并不是不要利,只是在价值取向上把坚持道义原则放在个人功利的前面,这在现实生活中应该说是一种值得提倡的道德价值选择。而到了宋明理学那里则把义利的区别等同于公和私。程颐把判断利欲的标准看成是公和私,朱熹也以公私判定天理人欲、道心人心。他说:"以其公而善也,故其发皆天理之所行,以其私而或不善也,故其发皆人欲之所作。"(朱熹:《晦安先生文集》卷四十四)"循理而公于天下者,圣人之所以尽其性也;纵欲而私于一己者,

众人之所以灭其天也。"（朱熹：《四书章句集注》，《孟子集注》卷二，《梁惠王章句下》）这显然是说，出于私的利欲是不对的。朱熹也试图证明欲只是危，不是恶，但欲总是离不开私，当他依循以程颐的理路把公私作为判定欲的标准时，人欲就只能是恶了。这样，朱熹刚刚肯定下来的最底线的欲，因为有私就成了恶，也被否定了。所以宋明理学家极端地强化了天理与人欲、义与利的对立，把人欲彻底排除在人生价值取向之外。认为"天理存，则人欲亡，人欲胜，则天理灭"（朱熹：《朱子语类》卷十三），"灭私欲，则天理自明矣"（程颢、程颐：《河南程氏遗书》卷二十四）这与先秦儒家主张已经完全背离了。至此，宋明理学家已将先秦儒家的重义轻利的主张作了片面的发挥，使之成为压抑束缚人的正当欲望和利益要求的工具。程颐甚至主张"饿死事极小，失节事极大"（程颢、程颐：《河南程氏遗书》卷二十二），把道德精神的需求看作高于一切的需求。这种片面强调道德理性维度的价值取向，必然导致轻视和否定人生价值的其他维度的重要性。"比如，程颐就曾说过，人有把椅子可以坐即已甚佳，如果进而'又要褥子，以求温暖'便属不该（程颢、程颐：《河南程氏遗书》卷十八）"①宋明理学家所追求的人生价值完全没有了任何利欲感性的成分，已然具有了禁欲主义色彩。

其二，在人生价值实现的目标及途径上，只讲内圣而缺乏事功与外王，割断了人生价值个体维度与社会维度的内在连续性，使人生价值沦为纯粹的道德理性维度。各个时期的儒家都以理

---

① 张锡勤：《中国传统道德举要》，黑龙江教育出版社，1996，第48页。

想人格作为人生价值的个体维度实现的境界与目标。儒家的最高理想人格乃是成己成物,融内在德行涵养和外在事功开拓于一身的圣人。通过内圣达致外王,通过修身达致君子或圣人,从而实现个体价值的极致。宋明理学家理想人格的终极实现也是成圣。但为了强化封建等级秩序,使人们从内心深处自觉接受以三纲为核心的礼教,唤醒纯正的道德意识,构建纯粹的道德人格,进而导致了对内圣的片面强调。但人生价值终究不是完全单一的为了内圣而内圣。"中国所有受过教育的人都既想参与国家事务,又想成为学者和哲人。他们都具有一种双重的理想即愿'内圣外王',也即哲学王"①于是,宋明理学家为了弘扬内圣之学,而又不失外王的形式,逐渐形成了道德之事功的理论。所以说,宋明理学家不是不讲事功,而是讲以"存天理,灭人欲"为基础的道德之事功。这种道德之事功的经世致用,并不在于"治""平"的"外王",其理论和实践的起点和终点都归结于单纯的内在道德自觉和人格完善,即"内圣"。

另外,我们从实现人生价值目标的具体路径上看,宋明理学家更是只注重内在体验工夫。这种内在体验工夫,无论"静"还是"敬",乃至"致良知"等修身方法,只是有利于积极开拓内圣之境,但不能有效开出外王之事功,致使形成了"心性之外无余理,静敬之外无余功"。(颜元:《存学编》卷二,《上征君孙钟元先生书》)因此,宋明儒者所追求的理想人格是"人欲净尽,天理流行"(朱熹:《四书章句集注》,《论语集注·颜渊》)的醇儒,但醇儒只

---

① 弗吉利亚斯·弗姆:《道德百科全书》,湖南人民出版社,1988,第63页。

讲"道德之事功",并没有外王事功。作为宋明理学家的理想人格典范,醇儒的特点是偏重内在德行的涵养,要求人们穷理灭欲、主敬求诚,从而达致一种浑然天成的内圣之境。醇儒的理想人格是纯粹向内的心性体验,其外王层面的缺失是不可避免的。宋明理学家在对人生价值个体维度目标的构建中并没有将内在道德满足与外在功利满足真正的有机联系起来,形成了内圣与外王的断裂,在具体的人生价值个体维度实现的路径上就只能片面强调"静"(敬)的方法,致使人生价值完全归于内在的道德理性与外在毫无关联。

其三,片面强调道德理性的价值尺度,把人生价值置于绝对的"天理"之中。宋明理学家以"理"为基础构建了一个有别于传统儒学的理论体系,并通过其系统化、理论化的论证在天人之间、人伦之间确立了一个终极规范。这个规范的具体的体现形式就是具有唯一价值评判标准的"三纲五常"。朱熹说:"宇宙之间,一理而已:天得之而为天,地得之而为地,而凡生于天地之间者,又各得之而为性。其张之为三纲,其纪之为五常,盖皆此理之流行,无所适而不在。"(朱熹:《晦安先生文集》卷七十,《读大纪》)宋明理学家认为三纲就是天理。朱熹说"未有君臣,先有君臣之理,未有父子,先有父子之理"。因此,"三纲五常终变不得,君臣依旧是君臣,父子依旧是父子"(朱熹:《朱子语类》卷二十四)。对此宋儒刘彝如是说:"君臣父子仁义礼乐,历代不可变者,其体也……举而措之天下,能润泽斯民,归于皇权者,其用也。"(《宋元学案》卷一,《安定学案》)这样,如同汉儒董仲舒的人生价值观一样,宋明理学家将不变的绝对纲常看作了人生价值的唯一标准。他们把现实人生中的等级差别和生老、苦乐等现象都看作是"理"的内在规定性所决定的,是"理"的必然反映。正是这些"合理"现象组成了一个"完美""和谐"的封建专制主义的人间天国。人生的苦难痛苦只不过是没有很好的"去欲存理",天理偏失了而已。人们要想获得快乐和价值就应该顺应着这个"理"的决定,而各安天分地生活。这就是朱熹所说的,"天分即天理也"。(朱熹:《朱子语类》卷九十五)这样,理学家就把作为儒学理论核心的道德修养、等级秩序、伦理纲常等,抬升到了精神本体的高度,将其纳入到"理"("天理")的范畴之中,以至宣称"理"("天理")是超越天地万物之上的实体。朱熹说得很明白:"天理只是仁义礼智之总名。"(朱熹:《朱子语类》卷十三)"天理"既是宋明理学最高道德范畴,又是其衡定人生价值的终极尺度。人们的一切欲望、追求和行为,甚至隐秘的"一念发动处",都必须在天理的法庭上接受验证和裁决。正是由于理与三纲的价值判断的不变性与绝对性,才导致宋明理学家的人生价值观禁锢了人们的思想,使人们对人生价值的追求仅限于单向度的道德精神层面。

总之,宋明理学家的人生价值观是在先秦儒家人生价值观的基础上进行了片面的深化,形成了极端道义论人生价值观。宋明理学家人生价值观过分地高扬了道德理性的精神,把社会性的道德理性原则高高悬于人的现实利益之上,以普遍的伦理原则代替人的个体感性存在需求,通过压抑乃至否定人性需求来片面强调人的社会性责任,其实质就是为维护封建统治阶级的利益提供理论依据。这种做法固然有其时代的必然性和合理性,但没有认识到正是人对人生价值的多元追求,才是人的发展与社会进步的动

力。中国早期启蒙思想家戴震指出:"凡事为皆有欲,无欲则无为矣;有欲而后有为,有为而归于至当不可易之谓理;无欲无为又焉有理?"(戴震:《孟子字义疏证卷上·理》)恩格斯在评价黑格尔时也说过:"正是人的恶劣的情欲、贪欲和权势欲成了历史发展的杠杆。"①因此,宋明理学家所倡导的极端道义论人生价值观,客观上只能加强封建专制制度的统治成为"以理杀人"的工具。

3.4　明末清初早期启蒙思想家的人生价值观

明末清初早期启蒙思想家主张人性一元论,并以此为人生价值观的逻辑起点,重新明晰和设定了理欲、义利、公私等人生的价值取向。以李贽、戴震、颜元、顾炎武、王夫之、黄宗羲等学者为代表的一批早期启蒙思想家在批判和否定宋明理学家纯粹道义论人生价值观的同时重构了重欲、贵利、尚私的多维度人生价值取向,形成了全新均衡的道义论人生价值观。

3.4.1　重欲

明代的吕坤断言:"世间万物皆有所欲,其欲亦是天理人情"(吕坤:《呻吟语》卷五)。"天理"向"人欲"的转化已经崭露端倪。"一切自然只是艺术,你所不知;一切机会都是方向,你所不见;一切冲突都是和谐,你所不解;一切局部的恶,都是普遍的善;傲慢之恶,寓于错误理性之恶;一条真理分明:凡是存在的都正确。"②明清之际,一些早期启蒙思想家开始对程朱理欲论提出批判,认

---

①　马克思,恩格斯:《马克思恩格斯选集第四卷》,人民出版社,1995,第233页。
②　赫胥黎:《进化论与伦理学》,科学出版社,1973,第50页。

为"人欲"与"天理"是内在统一的,"人欲"逐渐被人们认可为"自然"。李贽的"穿衣吃饭,即是人伦物理"(李贽:《焚书》卷一,《答邓石阳》)之说的思想意趣并非在于把"理"的思考仅仅纳入穿衣吃饭的个人生理本能欲望的基础层面,而在于探究人类价值的维度及其本质的重大伦理问题。"人欲"不再是被道德评价所决然放逐的对象了,而是明显地为人们从积极的、正面的角度加以肯定了。因此,人的欲求、利益等这样的"形而下"也就获得了"形而上"的价值地位。人生价值也就不仅仅是一个内在的道德修为问题了,而与外在的社会利益、规范、制度、秩序相关联了。早期启蒙思想家们用"人欲"替代了程朱理欲世界观中"天理"的价值地位,"人欲'获得了不依赖于"天理"的独立性。"天理"与"人欲"在程、朱思想世界里的绝对对立的关系发生了转化,"人欲"已然成为"天理"的内在规定性。

到了清代,以戴震为首的早期启蒙思想家更是明确指出:"饮食男女,生养之道也,天地之所以生生也……是故,去生养之道者,贼道者也。细民得其欲,君子得其仁。遂己之欲亦思遂人之欲,而仁不可胜用矣。快己之欲忘人之欲,则私而不仁。"(戴震:《孟子字义疏证卷上·理》)人与人之间彼此的欲望都得以充分的满足,才是儒家所倡导和追求的"仁"的实质性规定,"人欲"现在不仅不与"天理"相对立,反而与"天理"自身的界定直接关联起来了,所谓"人伦日用,圣人以通天下之情,遂天下之欲,权之而分理不爽,是谓理"。(戴震:《孟子字义疏证卷下·权》)因为,"天下必无舍生养之道而得存者,凡事为皆有于欲,无欲则无为矣;有欲而后有为,有为而归于至当不可易之谓理;无欲无为又焉有

理！"（戴震：《孟子字义疏证卷上·理》）很明显，"人欲"在戴震的"理欲"观中的位置已经完全转换了，由消极转换为积极，由被否定转换为被肯定。与宋明理学家主张人的人生价值源于"天理"关乎"天命之性"不同，早期启蒙思想家将人性与现实的欲望结合在一起，甚至视为等同，肯定了"人欲"的自然性及正当性，扬弃了单纯的道义价值。从某种意义上说，明末清初的早期启蒙思想是中国思想史上一次真正的"人"的觉醒与发现。基于此，人生价值取向不再是"天理"下的异化产物，而是"人欲"的本身。被宋明理学禁锢和批判的"人欲"不再是人性的劣根和罪恶，而是人性的自然。"追求幸福的欲望是人生下来就有的，因而应当成为一切道德的基础"。[①] 追求人生价值既需要内在道德精神的完满，也需要人性物质欲望的满足。

首先，早期启蒙思想家鉴于宋明理学家关于"理欲之辨"的错误结论，他们在批判纯粹道义人生价值观的同时充分地肯定了"人欲"的合理性和正当性。早在清初，颜元就将宋明理学定性为"杀人"之学，"果息王学，而朱学独行，不杀人耶？果息朱学，而独行王学，不杀人耶？"（颜元：《习斋记余》卷六）戴震更是一针见血地指出，"在上者"借助政治权力把有利于阶级统治的"理"美化"天理""公义"，但"离人情欲求"枉论"理欲之辨"，其结果只能在社会生活中"祸其人"，成为"忍而杀人之具"（戴震：《孟子字义疏证卷下·权》）的祸民之"理"。正所谓"酷吏以法杀人，后儒以理杀人"。（戴震：《戴东原文集》卷八，《与某书》）李贽根本就不承

---

① 马克思，恩格斯：《马克思恩格斯全集》二十一卷，人民出版社，1995，第331页。

认所谓的"天理","穿衣吃饭,即是人伦物理,除却穿衣吃饭,无伦物矣"。(李贽:《焚书》卷一,《答邓石阳书》)人的正常物质欲望就是"人伦物理"的"天理"。所以李贽认为"灭人欲"是极端错误的结论,正确的做法恰恰是要充分满足"人欲",即"各遂其千万人之欲"。(李贽:《李氏文集》卷十八,《明灯道古录》)"趋利避害,人人同心"。(李贽:《焚书》卷一,《答邓明府》)既然"人必有私而后其心乃见"(李贽:《藏书》卷二十四,《德业儒臣后论》),我们就应该满足和利用人的趋利避害本性。戴震不但认为"欲"是人与生俱来的最基本生理需求"有是身,故有声色臭味之欲"(戴震:《孟子字义疏证·理》),而且为了凸显"欲"的合理性和正当性,他甚至提出"人欲动力说"的惊人观点。他说:"天下必无舍生养之道而得存者,凡事为皆存于欲,无欲则无为矣。有欲而后有为,有为而归于至当不可易之谓理;无欲无为,又焉有理!"(戴震:《孟子字义疏证卷下·才》)在戴震看来人欲不但是人生价值不可或缺的维度,更是追求人生价值的原动力。"由血气之自然,而审察之以知其必然,是之谓理义……就其自然,明之尽而无几微之失焉,是其必然也,如是而后无憾,如是而后安,是乃自然之极则。"(戴震:《孟子字义疏证卷上·理》)情欲的满足是自然原则具有先天的合理性和正当性,情欲的无憾的则是人生的真谛。

其次,早期启蒙思想家纠正了以"理"制"欲"、以"理"遏"欲"的偏颇,使人生价值维度得以均衡。陈确论证了"理""欲"既相互对立又相互统一,缺一不可的辩证关系。他说:"人心本无所谓天理,天理正从人欲中见,人欲恰好处即天理也。向无人欲,亦无理之可言矣!"(陈确:《陈确集·别集》卷五,《瞽言四·无欲作圣

辨》)王夫之同样看到了"理欲合性"的"理""欲"关系的一致性。他说:"天理充周,原不与人欲相为对垒。"(王夫之:《读四书大全说》卷六)在王夫之看来,人性的自然属性和社会属性均为人性的必要属性。人的欲望本身不是与天理对立的"恶","人欲"和"天理"是互相依存、相互包含的一体,"人欲"的满足本来就是"天理"的一部分。"人欲之各得,即天理之大同。"(王夫之:《读四书大全说》卷四)又说:"终不离人而别有天,终不离欲而别有理也。"(王夫之:《读四书大全说》卷八)戴震则提出了"遂欲达情说"。他断言:"遂己之欲,亦思遂人之欲"(戴震:《孟子字义疏证卷上·理》),因此主张不可"快己之欲,忘人之欲"(戴震:《孟子字义疏证卷上·理》)。显然戴震在强调满足自己欲望的同时,依然将"欲"比"欲"地强调满足他人的欲望。这种将心比心的论调与其实质是"仁"是"忠恕之道"。戴震认为,"理"与人性的欲望并不相悖,而是高度的竞合。只有人人能"达情遂欲"才是真正的道德境界。李贽同样认为人的欲望"顺之则安矣",如果居高临下的指手画脚则"昧于理"。(李贽:《焚书》卷三,《论政篇》)每个人的感性欲望充分得到释放和满足不再是"理"所不容,而是"理"存在的首要前提。显然戴震将"理"从高高在上的天上还原回到了人间。"凡事为皆有于欲,无欲则无为矣;有欲而后有为,有为而后归于至当不可易之谓理。无欲无为,又焉有理!"(戴震:《孟子字义疏证卷下·权》)但"达情遂欲"不是放浪形骸,不是藐视道德本身,而是在合乎道德准则的前提下才能实现的。人的自然欲望必须有个恰当的度,情欲不失偏颇则为善。"天下之事,使欲之得遂,情之得达,斯已矣……道德之盛,使人之欲无不遂,人之情无不达。斯已矣。"(戴震:《孟子字义疏证卷下·才》)可见戴震的"遂欲"主旨不在纵欲,而在达情。因此,"遂欲达情说"所主张的价值取向是"欲"与"理"的有机统一,体现了早期启蒙思想家比较均衡的人生价值取向。

明清早期启蒙思想家试图重新建构理欲两者的关系,基本的倾向是扬欲贬理,也就是重视、抬升人的自然属性的要求,试图使社会的发展建立在人的发展基础之上。因此,他们提出了各种各样的理欲关系的崭新模式。他们普遍认同,"理"不是凌驾于人伦日用之上的形上本体,而只是情欲的规律、规则,就像穿衣吃饭一样是自然要求。顺应自然要求,就是至道和快乐。这就从理论上提出了"人同此欲"是"自然天则"的命题,强调人欲与天理并非天生对立,顺应自然的发展,以己欲度人欲,乃是顺人意应天理的行为。早期启蒙思想家思考的出发点就在于绝不让强行推广的统一的"理"威胁到个人的自由,侵犯个人的实际生活。他们对情欲的肯定就是唤醒人们:生活本来是大于道德,先于道德的,所以应当维护生活价值的本源性、优先性,要防止道德价值的异化,防止道德侵犯生活,绝不能让对美德的追求成为追求人生价值的阻碍。

3.4.2 贵利

无论是先秦儒家还是宋明理学家在义利关系上的取向都是一致的重义轻利。尤其是程朱理学家更是将义与利看成全然的对立。此种极端道义论的人生价值取向只剩下了单一的"天理"所代表的"义",丝毫见不得"人欲"的"利"。作为与之相对的功

利主义的人生价值取向思想也曾昙花一现，但一如陈亮"义利双行，王霸并用"的主张一样，根本无法成为时下的主流。"这种状况直到明清之际江南商品经济的蓬勃兴起以后才得以改变。"①早期启蒙思想家认识到事功的重要性，明确肯定了功利主义思想。颜元、李贽、王夫之等一批思想家面对人们生计维艰的困顿之境，积极为"贵利"的价值取向摇旗呐喊。早期启蒙思想家阐释了很多具有启蒙意义的价值取向。他们明确地将视角转向对人生现实的关注，谋求普通人的幸福，不再把人生价值的维度严格局限于封建道德的框架之内。

首先，早期启蒙思想家否认宋明理学空谈仁义的超功利主义，他们对宋明理学标榜的"超功利"的虚伪性给予了猛烈批判。颜元以生活的现实和现实的生活为依据得出了义利统一的结论。他认为，"利"与"义"是统一的，"利"是目的，"义"则是手段。"义中之利，君子所贵也。"并改宋儒之说为"正其谊以谋其利，明其道而计其功"。（颜元：《四书正误》卷一）他讥讽"谋道不谋食"的理学家所主张的荒谬之说。颜元怒斥那种只重视所谓"道"的过程和形式而不尊重结果的错误做法："世有耕种而不谋收获者乎？世人荷网持钩而不计得鱼者乎？抑将恭而不望其不侮，宽而不计其得众乎？"（颜元：《颜元集·颜习斋先生言行录》卷下，《教及门》）他的结论是"全不谋利计功，是空寂，是腐儒"。（颜元：《颜元集·颜习斋先生言行录》卷下，《教及门》）黄宗羲则认为所谓的重义轻利其实质是以遏止天下人的利益来满足君主一己之私

---

① 袁洪亮：《中国近代人学思想史》，人民出版社，2006，第63页。

利。君主"使天下之人不敢自私,不敢自利,以我之大私为天下之大公。"(黄宗羲:《明夷待访录·原君》)这进一步揭露和批判了封建专制下道义的虚伪性,彰显了贵利的正当性。

其次,早期启蒙思想家通过对义利关系的全新论证得出义在利中,从而逻辑地推出了功利的合理性。高呼"穿衣吃饭,即是人伦物理"的李贽向空谈以义、理为人生价值标准的理学发难。他指出:"正义即是谋利","夫欲正义,是利之也。若不谋利,不正可矣。吾道苟明,则吾之功毕矣;若不计功,道又何时而可明也?"(李贽:《藏书》卷三十二,《德业儒臣后论》)显然,李贽否定了利与义的冲突,论证了利义的一致与统一。王夫之完全支持李贽的论点,"义者,正以利所行者也"。(《四书训义》卷八)又说:"天理即在人欲之中","随处见人欲,即随处见天理","人欲之各得,即天理之大同"。(王夫之:《读四书大全说》卷四)。在李贽看来,人生价值的实现不仅仅是外在感官的享乐也是内在道德的体验,但并不可因此而否定功利的价值维度。谋利之心是人们行义的动机与目的,功利更是"推动人的行为的最强有力的力量"①。因此,从这个角度来说功利恰恰是道德存在的前提。功利是衡量仁义的尺度,真正的道德不在于要人们消除、磨灭自己的利益之心,而是要顺应人心之自然,使人们的利益得到合理的满足。通过上述对义利观内涵的重新解读,早期启蒙思想家将日常人伦的"利"重新纳入到了人生价值维度之中。

---

① 弗洛姆:《健全的社会》,贵州人民出版社,1994,第22页。

3.4.3　尚私

公、私作为人生价值取向中的两极,历来被各家所重视。尤其是宋明理学家将"公"与"私"当作评判"理"与"欲""义"与"利"的前提。朱熹决绝地说:"人,只有一个公、私"。(朱熹:《朱子语类》卷十三)宋明理学家朱熹的论断正如真德秀总所评价的那样:"朱子更是把天理、人欲分置两极,视为善恶之不能互容;至于其后有视'私欲'为猛火利刃以残本性者。"宋明理学家以"公"胜"私",贬"私"褒"公"的实质是禁锢和压抑个体欲望的满足,从而抹杀人的自我价值。

首先,早期启蒙思想家认为"私"乃"自然之理","私"的存在不仅具有必然性更具有合理性。同时他们否定了宋明理学家在公私价值判定上的单一绝对的选择,将"私"与"公"赋予了同等的人生价值取向地位。早在明代中后期袁宏道就极力推崇个人的"目极世间之色,耳极世间之声,身极世间之鲜,口极世间之谭"的享受与快乐。(袁宏道:《袁宏道集笺》卷五)早期启蒙思想家以实现个人价值为出发点展开了对扬公灭私有的充分批判,并论证了"私"的合理性与必然性。李贽主张"人必有私",他论证了"私"乃是人的目的,"公"只是人的虚妄之言。"试观公之行事,殊无甚异于人者,人尽如此,我亦如此,公亦如此。自朝至暮,自有知识以至今山均以耕田而求食,买地而求种,架屋而求安,读书而求科第,居官而求尊显,博风水以求福荫子孙。种种日用,皆为自己身家计虑,无一厘为人谋者。及乎开口谈学,便说尔为自己,我为他人;尔为自私,我欲利他。"(李贽:《焚书》卷一,《答耿司寇》)"有公而无私"之说乃无稽之谈,历史上并也存在那样的时代,是假借"先王之至训也"的"后代之美言"。(顾炎武:《日知录》卷三,《言私其豵》)黄宗羲断言:"有生之初,人各自私也,人各自利也。"(黄宗羲:《明夷待访录·原君》)每个人都是天生的具有私与利,否定自私自利就是否定人的天生本性,"私者,天也。"(傅山:《霜红龛集》卷三十二)哪怕是关乎给予与付出的爱本质上也是私。顾炎武所主张"天下之人各怀其家,各私其子,其常情也"(顾炎武:《亭林诗文集》卷一)的说法与晚明时期的吴廷翰"吾物则爱之,人物则不爱之也。吾子则爱之,人之子则不爱也"(吴廷翰:《吴廷翰集》,《园佣训》)论点完全一致。

既然人皆自私,况且这是人与生俱来的天性,因此追求自我价值就不仅仅是必然的而且也是正当的合理的,追求私利就不能遏制而应加以顺应。"然则为无私之说者,皆画饼之谈、观场之见,但令隔壁好听,不管脚跟虚实,无益于事,只乱聪耳,不足采也。"(李贽:《藏书》卷二十四,《德业儒臣后论》)这种以"私"为福的价值取向圣人也与普通人无异。"苟无司寇之任、相事之摄,必不能一旦安其射于鲁也决矣。"(李贽:《藏书》卷二十四,《德业儒臣前论》)作为圣人的孔子也是如此。既然"有私"是必然的,"无私"是不真实的,李贽说:"寒能折胶,而不能折朝市之人;热能伏金,而不能伏竞奔之子。何也? 富贵利达所以厚吾天生之五官,其势然也。是故圣人顺之,顺之则安之矣。"(李贽:《焚书》卷一,《答耿中丞》)因此他大声高呼个人的快乐和价值:"我以自私自利之心,为自私自利之学,直取自己快当。"(李贽:《焚书》增补一,《寄答留都书》)

其次,早期启蒙思想家准确地分析了"公"与"私"的辩证关系,肯定了"私"的人生价值取向和维度。早期启蒙思想家主张"私先公后"。他们认为"私"是"公"的前提。即人们首先要满足个人的利益,然后才能为他人谋福,为天下谋利。有"私"不是令人蒙羞的罪恶,而是做人做君子的必由之路。"确曰:有私。有私何以为君子?曰:有私所以为君子……惟君子知爱其身也,惟君子知爱其身而爱之无不至也。曰:焉有(爱)吾之身而不能齐家者乎?不能治国者乎?不能平天下者乎?君子欲以齐、治、平之道私诸其身,而必不能以不德之身而齐之治之平之也。彼古之所谓仁圣贤人者,皆从自私之一念,而能推而致之以造乎其极者也。而可曰君子必无私乎哉?"(陈确:《陈确集·文集》卷十一,《私说》)陈确这里的逻辑是非常清晰的,只有懂得爱己利己的人,才能爱人爱国,造福于天下。顾炎武则认为"公"与"私"是内在统一的,"天下之人……为天子为百姓之心,必不如其自为……圣人者因而用之,用天下之私,以成一人之公而天下治。"(顾炎武:《亭林文集》卷一,《郡县论五》)在他看来,"私心"是圣人治天下,追求社会整体价值的手段,常人的"私心"乃是圣人的"公心"得以转化为现实的根据。所以顾炎武提出"合天下之私以成天下之公"的论点,他说:"自天下为家,各亲其亲,各子其子,而人之有私,固情之所不能免矣。故先王弗为之禁,非惟弗禁,且从而恤之。建国亲侯,胙土命氏,画井分田,合天下之私以成天下之公,此所以为王政也。至于当官之训,则曰以公灭私,然而禄足以代其耕,田足以供其祭,便之无将母之磋,室人之滴,又所以恤其私也。此义不明久矣。"(顾炎武:《日知录》卷三,《言私其豵》)唐甄则主张"两得之道",强调一种合理的自私。他说:"夫忠君爱民,无失其本心;保身远害,又不失于自利;斯两得之道也。""损人以益己,必不可为者也;损己以益人,亦不可为者也;有益于己,无伤于人,斯则可为。"(唐甄:《潜书·梐政》)他明确把利己不损人作为一个正确的价值方针来阐扬,确认利己并不一定损人,事实上这必将为人对个人利益的追求打开充裕的空间。

早期启蒙思想家贵私观念的提出,事实上表达了提高个体主体性、追求自我价值的时代先声。比如李贽就明确提出:"就其力之所能为,与心之所欲为,势之所必为者以听之,则千万其人者,各得其千万人之心,千万其心者,各遂千万人之欲。是谓物各付物,天地之所以因材而笃也,所谓万物并育而不相害。"(李贽:《李氏文集》卷十八,《明灯道古录》)戴震也说:"饮食男女,生养之道也,天地之所以生生也……是故,去生养之道者,贼道者也。细民得其欲,君子得其仁。遂己之欲亦思遂人之欲,而仁不可胜用矣。快己之欲忘人之欲,则私而不仁。"(《孟子字义疏证卷上·理》)早期启蒙思想家坚决反对封建礼教所主张的有"公"无"私"的价值取向,他们将"遂己之欲亦思遂人之欲"作为人生价值诉求,鲜明地表达了当时人们对自我价值实现的渴望。从某种意义上说,此种观点反映了明末清初资本主义生产关系萌芽中新兴市民阶层力图摆脱封建礼教束缚,实现自我价值的强烈愿望。早期启蒙思想家将道德回归于现实生活,明显地体现了社会发展进程中人的个体价值观念的觉醒。自明清以来,理欲观的演化越来越朝着重视个体人的现实欲求的方向发展,作为道德理念式的"人"的存在越来越被弱化,与此同时,不经由人伦道德评价仍能获得存在

的正当性资格的人的观念越来越在民间生活和精英文化意识中得以凸显和张扬。

需指出的是,早期启蒙思想家虽然以重欲、贵利、尚私为人生价值取向,但却没有完全陷入功利主义人生价值观的泥潭。"取法其上,得乎其中",其最终目的在于重构"重欲""贵利""尚私"等多维度均衡的人生价值观。

3.5   道义论人生价值观的当代价值

康德曾说:"有两种东西,我们愈时常、愈反复加以思考,它们就给人心灌注了时时在翻新,有加无已的赞叹和敬畏,头上的星空和内心的道德法则。"内心拥有道德自觉的人必定是快乐的。儒家的道义论人生价值观主张人生的价值与道德的一致性。这无疑对当代社会主义和谐社会的构建具有重要的启示意义。

3.5.1   道义论人生价值观的政治文明价值

儒家历来把人生价值与政治状况联系起来,认为个人价值与社会密不可分。孔子认为理想社会一定是德治的天下,他因此尤其强调"为政以德"。(《论语·为政》)这意味着一方面孔子看到了政治文明的重要性,另一方面也看到了人的内在道德对于构建政治文明的决定性。"道之以政,齐之以刑,民免而无耻;道之以德,齐之以礼,有耻且格。"(《论语·为政》)孟子强调通过"仁政"来实现统一安定的社会。孟子说:"乐民之乐者,民亦乐其乐;忧民之忧者,民亦忧其忧。乐以天下,忧以天下,然而不王者,未之有也"。(《孟子·梁惠王下》)孟子斥责"为民上而不与民同乐者"(《孟子·梁惠王下》)的无耻行径。"礼乐不兴,则刑罚不中,刑罚不中,则民无所措手足。"(《论语·子路》)荀子更是指出:"治之经,礼与刑,君子以修百姓宁。明德慎罚,国家既治四海平。"(《荀子·成相》)认为治理国家的根本原则是礼和刑,君子用来要求自己,百姓因此安宁不作乱。倡礼刑并用,表彰好的道德,慎用刑罚。荀子以性恶论为理论前提,他认为必须倡导法制与礼制并举的。在荀子看来恰恰是法制与礼制为人们提供了获得欲望满足的平等前提。荀子断言:"法者,治之端也。"(《荀子·君道》)这表明荀子把法律制度看得很重要,"百吏畏法循绳,然后国不乱"。(《荀子·王霸》)法治是治理国家达到理想社会的主要措施之一。但是,他又认为,"隆礼"和"重法"两者最终取得的成就是有高下之别的。这便是所谓"隆礼尊贤而王,重法爱民而霸"。(《荀子》之《强国》《天论》《大略》等)。荀子在《强国》中说:"道德之威成乎安强,暴察之威成乎危弱",又在《议兵》中说:"以德兼人者王,以力兼人者弱"。可见,荀子强调法治但也认为德治优于法治。"总之,重德治乃是先秦儒家的共同主张。对于道德和道德教化的社会功能,先秦儒家曾发表过一些很深刻的见解,这对今人仍有启发。"①

汉儒董仲舒在总结秦朝短命历史教训的基础上,采用"治以道德为上,行以仁义为本"(陆贾:《新语·本行》)的理念,并形成了"慕义礼之荣,而恶贪乱之耻"(刘向:《说苑·政理》)的社会风尚。董仲舒尤其强调政治统治的合理性。为此,董仲舒提出了

---

① 张锡勤:《中国传统道德举要》,黑龙江教育出版社,1996,第10页。

"天谴说",告诫统治者不能违背天道,否则必遭天谴。董仲舒以"天"为提,在《春秋繁露》中反复指出天道任德不任刑,"天之任阳不任阴,好德不好刑"。(《春秋繁露·天道无二》)"阳之出也,常悬于前而任事,阴之出也,常悬于后而守空处,而见天之亲阳而疏阴,任德而不任刑也"。(《春秋繁露·基义》)"以德为国者,甘于饴蜜,固于胶漆,是以圣贤勉而崇本而不敢失也。"(《春秋繁露·立元神》)"国之所以为国者德也……是故为人君者,固守其德,以附其民。"(《春秋繁露·保位权》)但董仲舒并不否定法治,强调"度制"调均,是实现政治清明的重要保障。所谓"度制"的调均,正是我们今天政治文明所向往的最优德治与法治的平衡点,也就是董仲舒所主张的"中和"之美的"极理"。董仲舒在《举贤良对策》中说:"天令之谓命,命非圣人不行;质朴之谓性,性非教化不成;人欲之谓情,情非度制不节。是故王者上谨于承天意,以顺命也;下务明教化民,以成性也;正法度之宜,别上下之序,以防欲也;修此三者,而大本举矣。"由此可知,在他的谋求秩序之美的人生价值有效保障中,除了上承天意,施行德治教化外,度制别序也是通向人生价值的重要保障。建立一个"正法度之宜,别上下之序"(《举贤良对策》三),贫富有制、名副其实的有序社会是董仲舒的政治理想。

理学家不仅强调个人价值要以内在道德的完满为标准,同时也强调道德、教化对社会的重要性。在朱熹看来,道德的完满既是个体的价值,又是实现国家长治久安的基础。"自天子以至于庶人,壹是皆以修身为本。"(《礼记·大学》)特别是作为最高统治者的国君,更应修身,端正自己的思想和行为,才能管理好他人和国家。不然"则有其位而无其德,不足以首出庶物,统御人群,而履天下之极尊矣"。(《朱文公文集》卷七十二《皇极辨》)因此,朱熹主张用道德理性来驾驭各种物欲,用礼或理来节制人欲,来达到"孔颜之乐"的醇儒境界。在强调德治的前提下,宋儒也主张德刑兼顾,二者不可偏废。程颐说:"圣王为治,修刑罚以齐众,明教化以善俗。刑罚立则教化行矣,教化行而刑措矣。虽曰尚德而不尚刑,顾岂偏废哉?"(《河南程氏粹言》卷一)朱熹把为政以德与为政以刑结合起来。他说:"为政以德,非是不用刑罚号令,但从德先之耳。以德先之,则政皆是德。"(《朱子语类》卷二十三)既以德为先,又不能只讲德礼,而不讲刑政。朱熹甚至说:"立一个简易之法,与民由之,甚好!"(《朱子语类》卷一百八)

3.5.2　道义论人生价值观的精神文明价值

儒家历来重视个人的道德修养,强调人的价值对道德的依赖。先秦儒家的孟子从人性本善的角度上看,人人都有增进道德需求的可能性;从性恶的角度说则强调人人都有道德教化的必要性;董仲舒的性三品则是既强调了道德教化的可能性,又强调了教化的必要性;宋儒所区分的"天命之性"与"气质之性"则是在强调了"天理"与"人欲"对立的同时,凸显了道德教化的重要性。因此,儒家在人性基础上就确立了与人的价值紧密相连的其道德理性的维度。中国传统人生价值观更多的是通过对理欲、义利、苦乐、荣辱等伦理范畴的辨析来体现的。先秦儒家并不否定人的正常欲望,但更为看重的是以性导欲节欲,其结论是"以道制欲,则乐而不乱;以欲忘道,则惑而不乐"。(《荀子·乐记》)这说明,

先秦儒家认为"道"是衡量快乐和价值的标准。在处理利益关系上,先秦儒家则是用义的标准去衡量利益的获得是否正确,在他们看来只有符合义的利益才能获得人生价值,宁可失去物质利益或自我的私利,也要去获得义的满足。"不义且富贵与我如浮云"(《论语·述而》),儒家认为不义的富贵并不能给我们带来真正的快乐,所以我们要远离,并强调在义利不能兼得的情况则要做到"舍生取义",并以行义为荣,违义为辱。"先义而后利者荣,先利而后义者辱"。(《荀子·荣辱》)汉儒董仲舒鉴于"贪而不肯为义……是世之所以难治也"(《春秋繁露·度制》)的认识,提出"正其谊不谋其利,明其道不计其功"的主张(《汉书·董仲舒传》),开始过于强调人生价值的道德理性维度。宋明则走向了极端,强调天理与人欲的对立,主张"革尽"人欲,极力推崇"孔颜乐处"。这种片面强调精神维度的人生价值观,虽然可以在一定程度上达到强化精神文明道德理性的作用,但客观上并不利于社会的发展,其结果只能是"以理杀人"。明末清初早期启蒙思想家开始认识到了这一偏颇,强调了人欲的合理性。如王夫之指出:"有欲斯有理。"(王夫之:《周易外传》卷二)陈确也说:"天理正从人欲中见,人欲恰好处,即天理也。"(陈确:《陈确集·别集》卷五,《瞽言四·无欲作圣辨》)这表明早期启蒙思想家对人生价值维度的认识趋于全面。张锡勤老师总结到:"概言之,儒家的苦乐观对于劝勉人们以符合道义的正当手段谋求人生价值,不以物欲的满足为唯一的、最高的快乐;培养人们身处困境时的乐观精神,和不为外界环境左右的意志;激发人们对德善的追求和奉献精神,都曾起了积极作用。这些都有利于人类精神文明的提高和社会的进步。"①

历史证明,道义论人生价值观主张对个人的教化、规范、培育和塑造体现了强大的精神力量。在中国历史上,曾经先后涌现过许许多多体现了儒家价值理想、带有儒家理想人格特质的杰出人物,在不同的历史时期成为中华民族精神的楷模,引领和鼓舞着广大人民群众推动着社会的进步。这无疑也是当前社会主义事业建设中不可缺少的一种精神。正如温家宝总理所说:"如果我们的国家有比黄金还要贵重的诚信、有比大海还要宽广的包容、有比高山还要崇高的道德、有比爱自己还要宽广的博爱,那么我们这个国家就是一个具有精神文明和道德力量的国家。"②

3.5.3 道义论人生价值观的生态文明价值

道义论人生价值观的生态文明价值体现在儒家人生价值观的义理依据之中。在先秦儒家看来,仁不仅仅要"爱人",而且也内含着对所有生命的热爱。"对于人类社会、人际交往以及自然之间的和谐,爱具有特殊的意义。没有爱就没有生,也不会有和谐。爱既是和谐的表现,也是和谐的动力。"③儒家伦理思想的核心是"仁爱",本省就具有强烈的泛道德论色彩,可以将"仁"推及万物。孟子说:"君子之于物也,爱之而弗仁;于民也,仁之而弗亲,亲亲而仁民,仁民而爱物。"(《孟子·尽心上》)孟子要求人们由敬爱亲友而泛爱他人,由泛爱他人而仁爱万物,主张君子之爱

---

① 张锡勤:《中国传统道德举要》,黑龙江教育出版社,1996,第66页。
② 温家宝:《国务院总理温家宝在十一届全国人大一次会议答记者问》,《人民日报》2008年3月18日。
③ 曾永成:《文艺的绿色之思》,人民文学出版社,2000,第212页。

应该从对亲人的爱扩展到对百姓的爱,再延伸到对自然的爱。"民吾同胞,物吾与也。"(《正蒙·乾称》)张载认为,仁爱就是爱人、爱物、不私己。人是天地万物中的一员,同万物具有共同的本性,所以不能偏私自己。他主张:"是故立必俱立,知必周知,爱必兼爱,成不独成。"(《正蒙·诚明》)并视宇宙为大家庭,人和物都是天地所生,在天地面前人与人都是同胞兄弟,人与物都是同伴朋友。人的生命活动不仅要重视调整人与人之间的关系,而且要重视调整人与自然界之间的关系。二程也断言:"仁者浑然与物同体"(《河南程氏遗书》卷二),朱熹则把"仁"定义为"心之德""爱之理",这就从根本上把爱人与爱物统一起来了。王阳明肯定人能与天地万物为一体,"大人者以天地万物为一体者也。"(王阳明:《大学问》)陈来评价道:"力求把生态伦理与人的'不忍'(良知)之心联结起来,为生态伦理找到内在的心性根据,从而使'仁'的思想不仅是一种人道主义,而且成为一种更为普遍的宇宙观。"[①]

其次,道义论人生价值观的生态文明价值体现在理想人格的内在特征中。"君子有三畏:畏天命,畏大人,畏圣人之言。小人不知天命而不畏也,狎大人,侮圣人之言。"(《论语·季氏》)荀子亦讲:"君子,小人之反也。君子大心则敬天而道,小心则畏义而节。"(《荀子·不苟》)意即君子与小人相反,君子从大处来讲则敬畏自然规律,从小处来讲则敬畏仁义礼节。儒家的"畏天命"就是强调依循自然的客观规律对形成君子人格的重要性。《中庸》

---

① 陈来:《道德的生态观——宋明儒家仁说的生态面向及其现代诠释》,《中国哲学史》1999年第2期。

也讲"君子居易以俟命,小人行险以侥幸",正因为小人没有"畏天命"之心,所以肆意妄为,才产生了今天的"生态危机"现象。如果说先秦儒家的"畏天命"是一种被动的生态文明思想,那么董仲舒的"天人感应"就应视为一种主动的生态文明思想。董仲舒在《春秋繁露》中描绘的理想社会蓝图是"五帝三王之治天下……民修德而美好……毒虫不螫,猛兽不搏,抵虫不触。故天为之下甘露,朱草生,醴泉出,风雨时,嘉禾兴……民情至朴而不文。"(《春秋繁露·王道》)董仲舒的理想社会除了考虑"人"(社会)的因素,还考虑了"天"(自然)的和谐。这种和谐有序的社会已然具有了现代生态文明社会的特征。

3.6　本章小结

先秦儒家尽管重视人生价值的道德理性维度,但并不否定人生价值维度的多元。汉儒董仲舒以纲常秩序为美的价值标准之下,已然是更多地把人生价值置于了不变的道德之下,更加强调了道德理性与人生价值目标的一致性。而宋明理学家所提倡的纯粹道义论人生价值观中,则把道德理性提升为"天理"的高度,其价值取向中只有一个道德理性的维度,任何功利感性的维度都被扼杀于"天理"与"人欲"的对立之中。早期启蒙思想家批判宋明理学,重构了"重欲""贵利""尚私"等多维度均衡的道义论人生价值观。道义论人生价值观对当代社会主义和谐社会的构建具有重要的启示意义。

4 功利主义人生价值观

由于对人生价值内涵的理解不同,在中国各个社会历史时期除了儒家主张道义论人生价值观之外,还有一些思想家主张功利主义人生价值观。战国时期,墨子就提出过"志功合一"的功利思想;以后法家又提出过权力功利主义;南宋时期的陈亮、叶适的功利主义人生价值观的色彩更为浓厚。本章亦把《列子·杨朱篇》纳入到广义的功利主义人生价值观的范围之内。

4.1 墨家的人生价值观

春秋战国期间"侵凌攻伐兼并",社会经济、政治结构剧变,社会思想百家争鸣。墨子从小生产者的利益出发,主张"兼相爱,交相利"(《墨子·兼爱上》),反对"爱有差等",把"兴天下之利,除天下之害"(《墨子·兼爱下》)作为人生的奋斗目标,以共乐利他为人生价值。墨家斥"命"颂"力","摩顶放踵"(《孟子·尽心上》),"备世之急"(《庄子·天下》),虽牺牲自己身体亦在所不惜。与儒家轻视功利重视道德理性的满足不同,墨家注重功利,把义、利统一起来,强调实际功利,主张道德评价应合志功而观,并形成了别开生面的利他人生价值观。

4.1.1 "兴天下之利"的人生价值目标

重视人的价值,这是墨子人生价值思想的出发点。孔子的学说开了重视人的价值的先河,发现了人的价值,提出"天地之性,人为贵"(《孝经·圣治章分引》)的思想。儒家认为人之所以有价值,主要在于人是道德的主体,能够自觉到自己是一个有道德责任的存在物。但是他们轻视"力",即轻视劳动创造。墨子是小生产者思想的代表,他站在小生产者的立场上认识人的价值,提出了不同于儒家的尚"力"论,对人何以为贵这个问题给了比较合理的回答。墨子看到了人和动物之间的区别,指出:"今人固与禽兽麋鹿蜚鸟贞虫异者也"(《墨子·非乐上》),主要有两点:"今之禽兽麋鹿蜚鸟贞虫,因其羽毛以为衣裘,因其蹄蚤以为绔屦。"(《墨子·非乐上》,以下只注篇名)这是形体、外表上的区别。这种区别是显而易见的。紧接着他又指出第二点:"因其水草以为饮食。故唯使雄不耕稼树艺,雌亦不纺绩织经,衣食之财固已具矣。今人与此异者也:赖其力者生,不赖其力者不生。君子不强听治即刑政乱,戏人不强从事即财用不足。"(《非乐上》)这是需要性上的区别。人和动物为了维持生命的活动,都有需要性。所以需要是人和动物的共同本性。但动物和人满足自己需要的方式不一样。动物直接依赖于自然界,只能从现成的自然物中获取自己需要的东西,"因其水草以为饮食。"因此,动物用不着"耕稼树艺"与"纺绩织经","衣食之财固已具矣。"而人就不同,人必须通过实践活动,能动地改造客观世界,生产出自己的生活必需品,用自己的劳动成果来满足需要。"赖其力者生,不赖其力者不

生。"因此,"王公大人蚤朝晏退,听狱治政";"士君子竭股肱之力,宜其思虑之智,内治官府,外收敛关市山林泽梁之利,以实仓廪府库";"农夫蚤出暮入,耕稼树艺,多聚叔粟","妇人夙兴夜寐,纺绩织红,多治麻丝葛绪捆布缪,"整个人类社会都在竭"力""强"事。因为人懂得,"为强必富,不强必贫,强必饱,不强必饥;""强必暖,不强必寒,故不敢怠倦。"(《非命下》)"力"和"强"是人的劳动和创造性的表现,墨子以此作为区别人与动物的标志,在一定程度上抓住了人的本质特征。因为人正是在通过劳动改造对象、创造财富的过程中,才体现出自己的价值与本质,使自己真正成为社会的主体。墨子在两千多年前就试图从理论上说明人之所以为贵,之所以有价值,这表明随着社会实践的发展,人类对自身的认识正在深化。

墨子看到,仅仅从生产劳动这个角度来说明人的价值,在当时是不能完全使人信服的,于是他又提出"天志""明鬼"的思想。目的是希望通过天、鬼的威信来抬高人的价值。他看得很清楚,当时的统治者并不重视人的价值,不把人当人看,尤其是广大的穷苦百姓,连起码的生存权利都得不到保障,就更不用说受尊重了。对统治者们"亏人自利"的行为。墨子给予愤怒的谴责和无情的揭露;他们"处大国,攻小国;处大家,篡小家;强者劫弱,贵者傲贱,多诈欺愚"。(《天志上》)为了得到"三里之城,七里之郭",他们"杀人多必数于万,寡必数于千"。(《非攻中》)"今天下为政者,所以寡人之道多:其使民劳;其籍敛厚。民财不足,冻饿死者,不可胜数也。"(《节用上》)这些是统治者们活着的时候干的,而他们死了以后,还要杀人殉葬,"天子杀殉,众者数百,寡者数十;

将军大夫杀殉,众者数十,寡者数人。"(《节葬下》)统治者们如此肆无忌惮,没有约束力量是不行的。因此,墨子寄希望于"天",希望有一个公平正直的人格神来主宰统治者,对统治者有所约束。

墨子的"天志"与商周以来传统的"天命"论有一定联系,但也有区别。"天志"和"天命"都带有宗教色彩,二者所讲的"夫"都具有人格神的性质,是最高的主宰,人都是属于天的,是天的臣民。这是它们的共同点。不同点表现在:第一,在传统天命论那里,天不准许人有任何主动性,人在天命面前是消极的,无能为力的,只能听从天命的安排。在墨子的"天志"思想中,人有一定的主动性,即"尚力""强劲"、和"竭力从事。"人通过自己的活动,在天面前是有所作为的,如果无所成功,那是因为力不足,而不是归之于"天志"。不过,在墨子这里人还没有完全的主动性,人的主体意识的发挥,在一定程度上还是受天控制的,到后来荀子提出"制天命而用之"的思想,人才有了比较完全的主动性,从而否定了天。第二,传统的"天"只是人间的"王"和统治阶级的保护神,并不保护老百姓,这在商周时期的文献中有大量的记载。天只庇佑"王"如何加强对百姓的统治。而墨子的"天志"不同,"天"是"爱天下之百姓"的,他说:"令夫天兼天下而爱之,极遂万物以利之,若牵之末,非天之所为也,而民得而利之,则可谓否矣。"(《天志中》)天直接保护百姓的利益,统治者和老百姓在"天"面前是平等的,都是天保护的对象。

墨子虽然提出"天志""明鬼",但他本人并不怎么担信天鬼。首先,墨子主张"非命"。其所非之"命",就是长期以来束缚人们思想的天命论。因为他强调人在天的面前是应该有所作为的,不

能完全听从天的摆布,所以他反对传统的命运之天,提倡发挥人自身的力量来谋取自身的利益与富贵。其次,墨子反对世俗迷信。《贵义》篇记载:墨子去齐国的路上遇到一个专门替人看相算命、预测吉凶的"日者",日者说:"帝以今日杀黑龙于北方,而先生之色黑,不可以北"。墨子不听,仍往北去,碰巧淄水泛滥,不能渡而返回,日者很得意。墨子驳斥他说:"南之人不得北,北之人不得南,其色有黑者,有白者,何故皆不遂也?……若用子之言,则是禁天下之行者也,是围心而虚天下也。"这说明墨子并不相信迷信。第三,对于鬼神,他持谨慎态度,把鬼神的作用限制在一定的范围以内。"子墨子有疾,跌鼻进而问曰:'先生以鬼神为明,能为祸福;为善者赏之,为不善者罚之。今先生圣人也,何故有疾? 意者先生之言有不善乎? 鬼神不明知乎'?"(《公孟》)这可谓以墨子之矛攻墨子之盾。墨子回答很明白:"人之所得于病者多方:有得之寒暑,有得之劳苦,百门而闭一门焉,则盗何遽无从入。"(《同上》)由此看来,鬼神对人的作用太有限了。墨子还认为:"今洁为酒醴粢盛,以敬慎祭祀。若使鬼神请有,是得其父母姒兄而饮食之也,岂非厚利哉! 若使鬼神请亡……非特注之汙壑而弃之也,内者宗族,外者乡里,皆得如具饮食之。虽使鬼神请亡,此犹可以合欢聚众,取亲于乡里。"(《明鬼下》)这很有意思,表面上是祭祀鬼神,而真正得到好处的还是人,祭祀只不过是一种宗教形式而已。墨子既然反对天命,不信迷信,对鬼神的存在又持两可的态度,为何又要保留"天志"呢? 我认为这是他的一种策略,保留天志,是为了以此作为工具来约束统治者。这一点他自己说得很清楚:"我有天志,譬若轮人之有规,匠人之有矩",(《天志上》)"故置此以为法,立此以为仪,将以度量天下之王公大人卿大夫之仁与不仁。(《天志中》)而且墨子讲天、鬼时,多数情况是和人一块儿讲的。例如:"凡言凡动,利于天、危、百姓者为之;凡言凡动,害于天、鬼、百姓者舍之。"(《贵义》)"兼者,一上利乎天,中利乎鬼,下利乎人。"(《天志中》)天、鬼、人三者并提,他突出的是人。因为天和鬼都是虚的,只有人才是实实在在的,一切"利"的最后落脚点都是在人的身上。虽然在墨子思想中,天是一个有意志的人格神,"天为贵,天为知而已矣,"(《天志中》)但天的作用在于限制统治者,在于"兼天下而爱之""使民得而财利之。"(《天志中》)可见,天是为人服务的,这就使人的地位、价值显得比天高。在策略上保留天志,而在认识上又否认了天。当然,在同一思想体系中,让两种对立的观点同时并存,提倡的正好是自己所反对的,无疑是一个矛盾,在理论上是不相容的。这反映了墨子哲学思想在理论上的不成熟性。

墨子"以兴天下之利,除天下之害"作为衡量一切思想和行为的价值标准。墨子尚利,重视人欲。首先,从人生价值的个体维度上看,满足人的基本生理需求是人存在的前提。"凡五谷者,民之所仰也,君之所以为养也"(《墨子·七患》),"食之利也,以知饥而食之者,智也"(《墨子·三辨》),并提出"生为甚欲,死为甚憎"(《墨子·尚贤中》),"我欲福禄而恶祸崇"(《墨子·天志上》),明确指出物欲的合理性。其次,从人生价值的社会维度上看,"故时年岁善,则民仁且良,时年岁凶,则民吝且恶"(《墨子·七患》),所以,"食者,国之宝也。"为求安民救国,就必须满足人之所欲。求天下之利就是一个最基本的手段。墨子说"仁者之

事,必务求兴天下之利除天下之害"(《墨子·非乐》),从而使"饥者得食,寒者得衣,劳者得息"(《墨子·非命下》),达到国富民安。在这里墨子先肯定了个人之利存在的合理性,然后说明个人之利只有在天下共利中才会实现。墨子的兴天下之利,除天下之害的主张就是为了富民安国这一具体目的。只有民富国安,每个人的人生价值才有实现的可能。墨子求天下之利的一个基本要求就是个人之利服从整体之利,自己"不恶危难",而"欲人之利也,非恶人之害也"。《墨子·大取》墨子把求天下之利作为义善的本质内容,因而他在道德标准上提倡以福众人之利。"任,为身之所恶,以成人之所急。"(《墨子·经说上》)各人在求利的时候,必然以考虑天下全体人的利益为前提,对自己求利的行为应有所约束,限制,提倡为利天下而献身的精神。"断指与断腕利天下相若,无择也;生死利天下若一,无择也。"(《墨子·大取》)

墨家的人生价值观虽然重视功利,但他们所说的"利"并非私利,而是"国家之富,人民之众,刑政治"《尚贤上》的公利。张岱年先生早就明确指出了:"墨家所谓利,乃指公利而非私利,不是一个人的利而是最大多数人的利。"①墨子认为,只有追求天下的公利才能达到国家的富足,人民的繁庶,政治的有序。与公利对等的就是"义"。墨家不仅仅尚利而且贵义。墨子说:"万事莫贵于义""贵义于其身"(《墨子·贵义》)。墨子所谓义也就是利天下或谋公利。他把义看成是求利的形式与手段,行义就是求利。没有利,也就没有义,义成了利的派生物。在墨子看来,义之为

①　张岱年:《中国哲学大纲》,中国社会科学出版社,1985,第56页。

贵,就在于其能利人,"所为贵良宝者,可以利民也,而义可以利人,故曰:义,天下之良宝也。"(《墨子·耕柱》)可见,墨子的义是为利人服务的,义必须以利为目的。墨子主张"利人乎即为,不利人乎而止"(《墨子·天志下》),把求利作为义与不义的标准。一个人的行为是否符合道德要求,是看他的行为功效是"利人"还是"害人""利天下"还是"害天下"。他说:"若是上利天,中利鬼,下利人,三利而无所不利,是谓天德,故凡从事此者,圣知也,仁义也,惠忠也,慈孝也,是故聚天下之善名而加之。"(《墨子·天志下》)可见,墨子的"利"主要是"兴天下之利"作为善的标准,从而要求人们再追求个体人生价值的时候,一定要利他、利天下,否则不会得到善,也就不会实现人生价值。在这里他把人生价值的目标定位社会共同的利。把个体的私利融为群体的公利。墨家的这种利他的思想与密尔(J. S John Stuart Mill)在《功利主义》中对功利主义的解释是一致的,即功利主义是人类有为他人利益而牺牲自己一生的最大福利的能力。因此,墨家所强调的"贵义"其实质完全不同于以儒家的"重义",而只是利天下的必要手段。

4.1.2 "兼爱""强力""尚同"的人生价值途径

墨子为达到求"天下之利"的人生价值目标设定了具体的途径,主要包括三方面内容。一是,"兼爱""非攻"以达到和谐的相互关系;二是"强力""节用"以保证社会物质生活的正常进行,使民足乎食,足乎衣;三是"尚贤",任人唯贤,以达到墨子心目中理想的国家之治。

其一,"兼爱""非攻"。墨子的"兼爱",即"爱无差等",就是

爱人如爱己,不分远近亲疏地爱一切人。"兼相爱"的实质内容就是"交相利","兼而爱之"就是"兼而利之"。(《墨子·法仪》)墨子主张以"兼相爱,交相利"来代替人们之间的不相爱,要求人人都以身作则,"视人之国,若视其国;视人之家,若视其家;视人之身,若视其身。"(《墨子·兼爱》)如果能做到这些"诸侯相爱,则不野战;家主相爱,则不相篡;人与人相爱,则不相贼;君臣相爱,则惠忠;父子相爱则慈孝;兄弟相爱,则和调。"(《墨子·兼爱》)从而达到"天下之人皆相爱"的和谐局面。墨子主张人人平等,君王与臣下、平民都应该平等地相爱,普天之下皆相爱,皆相利。"欲天下之治,而恶其乱,当兼相爱,交相利。此圣王之法,天下之治道也。""故兼者,圣王之道也,王公大人之所以安也,万民衣食之所以足也。"(《墨子·兼爱》)墨子从兼爱的角度引出了治国之道。只有爱人如己,人与人之间才会无私地相爱,摆脱混乱,从而营造一种相亲相爱、互利互惠的和谐社会环境。我们应该反对人人自私自利,只顾自己,不为别人着想的社会准则,这是一种恶劣的社会环境。墨子的"兼爱"是大公无私的、人人平等的爱。在封建主义制度下,墨子的这种兼爱思想的现实意义在于,通过让被统治者和统治者之间和平相处减小当时的社会矛盾,从而维护封建制度的稳定,起到了延缓旧制度崩溃的作用。所以,墨子总是把"相爱"和"相利""爱人"和"利人""爱"与"利"同提并举。如"天必欲人之相爱相利""此自爱人利人生"(《墨子·兼爱下》)、"爱利天下"(《墨子·尚同下》)等。这样,相互的爱就成了相互的利:"利人者,人亦从而利之"(《墨子·兼爱中》),"交相爱交相恭犹若相利也"。(《墨子·鲁问》)平等的爱就成了平等互利:

"有力相营,有道相教,有财相分"。(《墨子·天志中》)普遍的爱就成了使天下普遍受利:"万民被其利","天下皆得其利"。(《墨子·尚贤中》)墨子认为"爱"与"利"两者不可分离,爱而必利,不利无以见爱。墨子的"兼爱"是对人类整体之爱,具有最大的普遍性,是超越时空的理想之爱。墨子找出导致社会弊病的根源就是人们彼此"不相爱",即"别"。人与人之间的"不相爱"使得诸侯间相攻,家主相篡,人与人相贼,君臣不惠忠,父子不孝慈,兄弟不和。所以"若使天下兼相爱,爱人若爱其身。"(《墨子·兼爱上》)只有把别人的身体当作自己的身体,把别人的家人当作自己的家人,把别人的国家当作自己的国家,只有这样才会使不孝、不慈、盗窃、攻国情况不再发生;也只有这样,人人之间和人同社会之间才能达到和谐。墨子所谓的"兴天下之利",即对天下富之、众之、治之,而这三条都需要有高尚的"兼爱"精神做保证,其中的"治之"尤其如此。"兼爱"精神及其所带来的和谐社会秩序本身就是"治",亦即天下大利。"故君子莫若欲为惠君、忠臣、慈父、孝子、友兄、弟弟,当若兼之不可不行也,此圣王之道而万民之大利也。"(《墨子·兼爱下》)"兼爱"的目的是为了阻止"强凌弱,众暴寡,诈谋愚,贵作贱"(《孟子·滕文公上》)的暴虐行径,使穷苦人民和弱小的诸侯国摆脱灭亡的厄运。墨子倡说"兼爱"是着眼于实利,不是停留在空泛的道德说教上,对穷苦人民"兼爱"就要实现"饥者得食,寒者得衣,劳者得息"(《墨子·非命下》),做到"为万民兴利除害",对弱小国家"兼爱",就要竭力帮助它不受大国的侵略。为此,墨子又从消极意义上提倡"非攻",即反对攻伐战争。墨子认为攻伐战争"计其所得,反不如丧者之多"(《墨子·非攻

中》），造成国家百姓灾难，这是大不利。墨子反对以攻治国，提倡以"以智治国"。那么"以智治国"对君主又有哪些要求呢？"为其上中天之利，而中中鬼之利，而下中人之利"，（《墨子·非攻》）君主处事在上能应和上天，在中能应和鬼神，在下能应和人民，这就是符合义的，是智者之道，是圣王的法则。但是，墨子并非反对一切战争，而是反对具有掠夺性的战争，是"强凌弱，众暴寡"的非正义战争。但他反对的是抵抗暴君，保卫和平战争。因此，他把正义战争成为"诛"，非正义战争，称为"攻"。如大禹征讨有苗，商汤讨伐夏桀，周武王讨伐商纣王的战争，他认为这是上天代表人民去除残恶势力的正义战争。"若以此三者观之，则非所谓攻也，所谓诛也。"（《墨子·非攻》）墨子反对统治者的侵略和掠夺，处处以人民利益为重。人民利益是统治者治国理政的最终目标；而使社会稳定的方式不是通过战争，而是使大家和平相处，只有兼爱才能达到这一目的。他希望"饥者得食，寒者得衣，劳者得息"。墨子的这种反对侵略战争，渴望和平的传统观点，至今仍然值得我们继承和发扬。他的热爱和平的思想也体现了古今民众的意志。

其二，"强力""节用"。墨家大力提倡"节用"思想，是在对当时社会发展现状认真考察之后得出的结论。首先，他看到了社会物质生产和人们生活需求之间的矛盾。因为在当时的封建社会，"为者缓，食者众"，而且人们预防和抵抗自然灾害的能力很差，"故虽上世之圣王，岂能使五谷常收，而旱水不至哉？"所以在物质生产不能满足人们需求的情况下，就必须"尚俭抑奢"。其次，墨家从国家兴衰和广大劳动人民的生存利益出发，指出国家"节俭则昌，淫逸则亡"。而且封建统治者糜烂奢侈的生活方式势必要"厚作敛于百姓，暴夺民衣食之财"，其结果必然是"其财不足以待凶饥，赈孤寡""富贵者奢侈，孤寡者冻馁"。要想缓解这种状况也必须提倡"节用"。

基于这两方面的分析，不难理解墨家提倡"节用"思想的价值取向：一是"节用强本固国"。墨家认为"圣人为政一国，一国可倍也；大之为政天下，天下可倍也。其倍之，非外取地也，因其国家去其无用之费，足以倍之。圣王为政，其发令、兴事、使民、用财也，无不加用而为者。是故用财不费，民德不劳，其兴利多矣！"也就是说，如果施政做事能够节省开支，不浪费民力和财力，民众就能保持良好的劳动积极性，这样，社会的物质财富就会积聚得越来越多，国家的财富也能够成倍地增长。二是"节用利民顺治"。和儒家"忧道不忧贫"不同，墨家非常关注下层劳动人民的利益，认为"古者明王圣人所以王天下，正诸侯者，彼其爱民谨忠，利民谨厚，忠信相连，又示之以利，是以终身不餍，殁世而不卷"。相反，"诸加费不加于民利者，圣王弗为"。包括王公贵族在饮食、服饰和宫室上无节制的奢侈浪费，平民百姓不得不遵循的"厚葬久丧"都是"殚财劳力"。"厚作敛于百姓，暴夺民衣食之财"的结果必将激化矛盾，到那时"虽欲无乱，不可得也"。

不仅如此，墨家还提出实施"节用"的总原则和在衣食住行等方面的具体规定。"节用"的总原则就是"足用则止"四个字，其基本精神可以通过"衣服之法""饮食之法""宫室之法"和"节葬之法"等具体规定来理解。如"节葬之法"规定："衣三领，足以朽肉；棺三寸，足以朽骸；掘穴深不通于泉，流不发泄则止。"由此可

见墨家提倡和贯彻"节用"思想的坚定性和完备性。

墨家的"强力"思想，概括地说包含两层含义：一是"赖力而生"。《墨子·非乐》上篇指出："今人固与禽兽、麋鹿、蜚鸟、贞虫异者也。今之禽兽、麋鹿、蜚鸟、贞虫，因其羽毛以为衣裘，因其蹄蚤以为绔屦，因其水草以为饮。故唯使雄不耕稼树艺，雌亦不纺绩织纴，衣食之财固以具已。今人与此异者也。赖其力者生，不赖其力者不生。"在这里，"力"可以理解为花费体力和智力的生产劳动。墨家的"赖力而生"深刻指出人类与其他动物不同，不能消极地适应自然而要依靠自己的劳动积极地改造自然来求得生存。二是在此基础上的"强力而行"。"强力"是指充分发挥人的主观能动性和积极性，奋发进取，顽强拼搏。

墨家的"强力论"是对传统观念"命定论"的批判。他们意识到当时"死生由命，富贵在天"的消极懒惰的人生观极大地妨碍了人们的生产和生活。如果按照"命定论"者之言，"则上不听治，下不从事。上不听治则刑政乱。下不从事，则民用不足。"如若"贪于饮食，惰于从事"，则"衣食之财不足，而饥寒冻馁之忧至"。因此墨家极力反对"命定论"，主张"非命"和"强力"，并通过列举王公大人、公卿大夫、农夫和妇女的例子从正反两方面说明为什么要"强力而行"，即"强必治，不强必乱；强必宁，不强必危"；"强必贵，不强必贱；强必荣，不强必辱"；"强必富，不强必贫；强必饱，不强必饥"；"强必富，不强必贫；强必暖，不强必寒"。由此得出，只有"赖力而生""强力而行"方能使国富民强，社会安定，天下太平。

在先秦诸子中，墨子是最强调强力劳动的。他明白生产物质生活资料的生产劳动的重要性，认为这种物质生产劳动是人类社会生存的基础,也是人类与其他动物的根本区别。墨子认为社会的每个人都必须努力,人才能生存,社会才能存在发展。墨子反复强调"下强从事,则财用足矣"。"贱人不强从事,则财用不足"。(《墨子·天志中》)墨子反对儒者"贪于饮食,惰于作务"(《墨子·非儒下》),即反对儒者轻视物质生产劳动,反对儒者对物质财富的浪费。墨子不仅强调强力劳动,同时也最强调节用与节俭。可以说劳动创造财富以利天下,节用守住财富再利天下。这正是墨子主张"兴天下之利,除天下之害"的根本保障,也是实现人生价值的重要途径。

其三,"尚贤"。根据《说文》,"贤"的本意为"多才",《玉篇》则云:"有善行也。"毕沅说:"尚与上同。"乃崇尚、重用之意。尚贤即尊崇重用有才德能力的人,使其居于高位、上位,以管理民众、为民表率。现存《墨子》53 篇,开宗明义第一篇就是《亲士》篇。"士"在中国古代社会中是具有一定身份地位的社会阶层,在平民之上,贵族之下,后演变为对知识分子的泛称,《经上》云:"任,士损己而益所为也。"墨家认为"士"具有牺牲小我以利他人的情操。《亲士》篇指出亲近并任用那些有知识、有能力、有节操的人,对于治理好一个国家是非常重要的。《尚贤中》篇:"何以知尚贤之为政本也?曰:自贵且智者,为政乎愚且贱者,则治;自愚贱者,为政乎贵且智者,则乱。是以知尚贤之为政本也。"由于管理者必须比被管理者有智慧与能力才能将国家治理好,因此尚贤是治国的根本。

《亲士》篇则指出:"见贤而不急,则缓其君矣。非贤无急,非士无与虑国,缓贤忘士而能以其国存者,未曾有也。"一国之内,执

政者若不关怀贤士,国家就会灭亡。见到贤士而不马上任用,他们就不能为君主分劳解忧。没有比任用贤者更急迫的事了,若缺乏具有能力与知识的人,就没有人和君主共同谋划国事。怠慢贤者、遗忘能人而使国家长治久安,这是从未发生过的。可见"尚贤"在维系人民生存发展,以及稳定国家社会秩序的重要性。因此,要使国家得治,"尚贤"乃施政者当务之急。

　　然而,怎样的人可算作贤士?贤士的标准为何?所谓的"贤良之士"应具有怎样的条件?他又必须达成怎样的目标?《尚贤上》篇说:贤良之士应"厚乎德行,辩乎言谈,博乎道术"。也就是首先要有敦厚的道德操守,其次要有辩才无碍的表达、沟通能力,再者必须具备广博的知识与执行方法。在专业技术人才方面,墨子还举出了"善射御之士"也是要大力培植任用的对象。

　　贤良之士有了这些特质与能力,在实际执行管理的工作上,应达成怎样的目标呢?《尚贤下》篇指出:"为贤之道将奈何?曰:有力者疾以助人,有财者勉以分人,有道者劝以教人。若此,则饥者得食,寒者得衣,乱者得治。若饥则得食,寒则得衣,乱则得治,此安生生。"成为贤者的方法就是将自己所拥有的能力、财富、知识技巧与别人分享、帮助弱势者、教导需要的人;进而使百姓所欠缺的生活需求得以满足,使人民可以生生不息,各安其生为最后目标。

　　如果社会上符合贤良之士的条件者太少,仍然无法解决各阶层管理上的问题。因此执政者又必须设想:该如何培养贤士并使社会上的贤士增多?《尚贤上》篇提出增加贤士的做法:"然则众贤之术将奈何哉?子墨子言曰:'譬若欲众其国之善射御之士者,必将富之、贵之、敬之、誉之，然后国之善射御之士，将可得而众也。况又有贤良之士厚乎德行，辩乎言谈，博乎道术者乎，此固国家之珍，而社稷之佐也，亦必且富之、贵之、敬之、誉之，然后国之良士，亦将可得而众也。'"也就是除了使贤者富有之外，在社会上还必须赋予贤者崇高的地位，受人尊敬、有好的名声。但墨子强调贤者获得富贵的条件在于"行义"，《尚贤上》篇说："不义不富，不义不贵。"百姓若想得到富贵也需要充实自己的能力，学习贤者的义行，如此就能够使社会上的贤良之士逐渐增多。

如何使那些担任管理者的贤士在职位上发挥功能呢？《尚贤中》篇指出了"三本"："何谓三本？曰爵位不高则民不敬也，蓄禄不厚则民不信也，政令不断则民不畏也。故古圣王高予之爵，重予之禄，任之以事，断予之令，夫岂为其臣赐哉，欲其事之成也。"在以上引文中可以看到，除了对于那些贤良之士富之、贵之之外，还必须赋予工作责任，以及执行任务的权力，如此百姓才会尊敬、信任、服从于贤者的管理。并且，给予贤士高的爵位、丰厚的俸禄、管理的工作、足够的权力，并不是给予臣下个人的好处，而是为了国家社会的发展将事情办好。

如果赋予某人权力，但他未能尽责做好分内的事将如何？《尚贤上》："官无常贵，而民无终贱，有能则举之，无能则下之。"其中，民无终贱的思想最有划时代意义。因为在春秋战国时代，社会阶级不易变动，政治权力皆掌握在贵族手中，墨家却提出了官民角色可以互换，并且社会地位高下的根据在于能力而非血缘关系。《尚贤中》篇也对担任官职者的考察提出："然后圣人听其言，迹其行，察其所能，而慎予官，此谓事能。故可使治国者，使治

国；可使长官者，使长官；可使治邑者，使治邑。凡所使治国家、官府、邑里，此皆国之贤者也。"可见墨家的"尚贤"思想中也包含着追踪、考核、调职、升迁等相关的考量。

墨家拔擢贤者，使贤良之士各在其位，所能得到的效果为何？《尚贤下》篇以"尧之举舜也，汤之举伊尹也，武丁之举傅说也"等贤良之士的例子，指出"惟法其言，用其谋，行其道，上可而利天，中可而利鬼，下可而利人"的一种上下和谐、民生乐利的气象。墨子也清晰地描述了以贤人为政的国家景象，《尚贤中》说："贤者之治国也，蚤朝晏退，听狱治政，是以国家治而刑法正。贤者之长官也，夜寝夙兴，收敛关市、山林、泽梁之利，以实官府，是以官府实而财不散。贤者之治邑也，蚤出莫入，耕稼、树艺、聚菽粟，是以菽粟多而民足乎食。故国家治则刑法正，官府实则万民富"。贤者治国，他们必夙夜匪懈，使刑政得治、国库富饶、百姓安居乐业。不论内政、外交都经营良好，构成一种良性循环的发展模式。这样的国家必可强大兴盛。可见，"尚贤"是国家长治久安、兴盛发展的必要条件。

墨子所理想的国家之治和国家之富既是达到天下之利的一种具体境界，"刑政治，万民和，国家富，财用足，百姓皆得暖衣饱食，便宁无忧。"（《墨子·天志上》）可谓是上下同利的理想境界，同时，这也是通向天下之利的一条基本途径。墨子认为尚贤是国家"治之、众之、富之"的根本。"自贵且智者，为政乎愚且贱者，则治；自愚贱者，为政乎贵且智者，则乱。是以知尚贤之为政本也。"（《墨子·尚贤中》）墨者认为国家的富或贫，人民的众或寡，社会的治或乱，都取决于是否贤者在位。怎样才能竞争到人才？墨子认为,要招揽贤能之才,需要运用物质和精神两种手段,既要搞物质刺激,又要注重精神奖励,既兼顾人类感性的充满欲望的物质存在,又兼顾人具有理性的精神存在的本质特点。墨子认为"众贤之术"应是视德义而举贤,不分贵贱亲疏,一视同仁,就是"列德尚贤""以德就列"。(《墨子·尚贤上》)墨子尚贤不受亲疏贵贱的影响,只以德义为根据去选拔人才,是其唯一原则,即所谓"无异物杂焉"。(《墨子·尚贤中》)尚贤"实际把各种身份地位的不同社会角色在精神上拉到了一个水平线上"①,使得社会各个阶层的人都有了追求人生价值的方向和目标。

4.1.3 墨家人生价值观的逻辑进路

墨子为了达到"兴天下之利"的价值目标,提出了有针对性的一系列的实现路径。但"兼爱""非攻""尚贤""尚同"等思想要在现实社会中实施极为不易,统治者不可能主动去推行、贯彻。有鉴于此,墨子必须寻求最有权威性的逻辑前提为他的思想提供合法性的依据和保障。墨子首先以"天志"作为"兼爱""非攻"等主张的根据,论证了"兴天下之利"的必要性。他说:"天必欲人之相爱相利,而不欲人之相恶相贼也。"(《墨子·法仪》)又说:"天之意,不欲大国之攻小国也,大家之乱小家也。"《墨子·天志中》墨子认为人如果顺从天意,就会受到天的奖赏,如果违反天意,就会受到天的惩罚。"顺天意者,兼相爱、交相利,必得赏;反天意者,别相恶、交相贼,必得罚。"(《墨子·天志上》)顺从天意的结果正

---

① 黄勃:《论墨子的"兼爱"》,《湖北大学学报哲社版》1995 第 4 期。

是墨子所提倡的兼爱交利,物质富足,政治稳定的理想社会。墨子大力提倡天志,将一切归结于天,要求人们顺从天志,目的是假天行道,推行其主张,实现其社会、政治理想。天志只不过是墨子的施政工具而已。其次,墨子利用了"非命"和人性"可染"来论证通过"兼爱"等途径达到"兴天下之利"目标的可能性。墨子虽然宣称天能主宰人的命运,赐福或降祸于人,但这不是命中注定的,而是对人的行为进行考查之后才做出的裁决。尽管实施者是鬼神,但最终的决定因素还是人及人的行为。从这种意义上说,一个人的命运如何,完全是其自身行为的必然结果。在墨子看来,所有人的品质都是后天"所染"决定的。只要我们按照"天志",积极地去"兼爱",就可以达到"兴天下利"的目的。可以说,正是由于墨子认识到了"非命",看到了社会大环境对个体人性的决定,他才提出了"兴天下利"的利他主义人生价值观。

在墨子看来社会个体的人要想实现人生价值,就需要"兼爱"利他的途径达到利天下再利己,即由社会维度再到个体维度。墨子坚信,只要普天之下人们都遵循"兼爱",就必然会害除利兴,国泰民安,天下和平,达到乐园一般的完美境界。墨子进而强调"爱""利"的一致以及"义""利"的一致,从而墨子提出了利他与利己的一致性。爱别人得到别人的爱,给予别人利得到自己的利。可见在墨子看来利天下、利他与利己是完全一致的。这样墨子的利他人生价值观的逻辑体系就建构完成了。通过以上的一系列逻辑论证,墨子得出的结论是:顺应"天志"实施"兼爱","兴天下利",从而实现人生价值。

4.2　法家的人生价值观

春秋战国时期,残酷的现实促使它终于成长为一个学派,这就是法家。法家把追求个人利益看作人的本性,看作是支配人行为的决定因素。韩非把这种自利心称为"自为心"(《韩非子·外储说左上》)和"计算之心"(《韩非子·六反》),并进而把人与人之间的一切关系都归结为从自利出发的利害关系。法家主张人生价值就是自我功利的实现,但个人利益的实现不是自由的,而是通过为封建专制国家的建功立业。法家自利人生价值观的目的是为了加强封建专制政权,用实力消解争斗,并用强有力的国家权力(君权)使社会归于一统。因此,法家主张"开公利而塞私门"(《商君书·壹言》),主张专制君主可"操名利之柄"(《商君书·算地》)进行"牧民"。最终,法家的自利人生价值观其最终只是封建君主一人之利。

综观法家各代表人物的言论主张,可知其对于"法"有三个方面的价值判断:其一,法是"天下之至道",其社会价值远在伦理道德之上。儒家认为"礼"是"人道之极""法之大本",主张以"礼""定亲疏,决嫌疑,别异同,明是非"(《礼记》)。法家则相反,认为:"法者,天下之至道也","仁义礼乐者,皆出于法"(《管子》)。韩非说:"严家无悍虏,而慈母有败子,吾以此知威势之可以禁暴,而德厚之不足以止乱也。"(《韩非子》)其二,法是"民之命""治之本",是治国、平天下的"法宝","领其国者,不可须臾忘于法"(《商君书》)。韩非说:"明法者强,慢法者弱","明主使其群臣,不游于法之外,不惠于法之内,动无非法","家有常业,虽饥不饿;

国有常法,虽危不亡,夫舍常法而从私意……治国之道废也"。主张治国"以法为教""以吏为师""以斩首为勇"。其三,法可以"去私行公""齐一平直""审名明分",具有广泛的规范效力。法家认为:法体现和代表"公利""公义""公心",是"天下之程式""万事之仪表""国之权衡",是和"私"相对立的公共规范,"法之功莫大使私不行"。法还可以统一思想和言行,亦即"齐天下之动""一人之心",使"智者不得越法而肆谋,辩者不得越法而肆议,士不得背法而有名,臣不得背法而有功"。(《慎子》)

法家的法价值观有以下特点:

法家的法价值观是极端法治主义。春秋战国时期,奴隶主贵族和新兴地主是中国统治阶级内部的两大集团。"法"是新兴地主阶级反对贵族世袭特权和维护这种特权的"礼"的锐利思想武器。法家主张"无教化,去仁爱,专任刑法",既反对"礼治",也反对从"礼治"引申而来的"德治""仁政"。法家的"法"在形式上是一种以急功近利为要旨的专政手段。

法家的法治内容主要是"刑赏"。在法家那里,经济关系、民事关系等几乎一切社会关系的调整统统可纳入刑法体系中。法家最具代表性的一部成文法——李悝的《法经》就是一部典型的刑法。这与同时代西方古罗马的第一部成文法《十二铜表法》恰成鲜明对照。在《十二铜表法》中虽然程序法与实体法、宗教法与世俗法混而不分,但其中继承与监护、所有权和占有权、土地和房屋、私法和公法各据一表,已经显示出它将来的发展走向。《法经》为此后的封建法典创立了迥异于《十二铜表法》的东方模式。

法家的法治目的是维护专制和等级。法家的"法"在本质上与我们今天说的体现民主精神的"法"相去甚远。首先，它把君主排除在法之外，认为法的权威源于君的权威。其法治模式是"人'法'人"，站在顶端的君主发号施令，各级官吏执行，庶民则永远是法律施行的客体，赏刑由之。所以，法家法治的最后归宿仍然是"人治"。说到底，法家的"法"只是治国御民的"帝王之具"，在本质上是君主专制主义。其次，它不是基于一般人权，而是为了维护新兴地主阶级特权。法家并不一般地反对等级特权，只是反对贵族世袭特权、垄断政治、经济利益的宗法等级制和分封制，要求代之以论功行赏、授官予爵的官僚等级制和郡县制，让他们也能和贵族平等地占有土地和享受国家治权。法家的"法"是一种等级法，由其奠定基础的中国法律史就是一份等级身份的总记录，表现于法律上的等级之森严、身份之繁复，是世界罕见的。

法家的法价值观已有"法律面前人人平等"价值观念的萌芽。在执法原则上，儒家公然宣称"礼不下庶人，刑不上大夫"，法家则针锋相对，主张"不别亲疏，不殊贵贱，一断于法"。法家不仅要求各级官吏"守法""任法"，而且要求君王也要"断事以一"。必须指出，一方面主张刑无等级，另一方面又强调君主的专制权力，这在法家原是相反相成的两面，但实际上终不免陷于自相矛盾之中，所以，指望这种"法"能在实践中真正做到断事以一，恐怕过于乐观，"一断于法"的思想在中国历史上不过昙花一现，也应在意料之中。

法家的法价值观蕴含着改革精神。儒家主张"法先王"，"以先王之政，治当世之民"；法家认为"世异则事异，事异则备变"，"法古则后于时，循今则塞于势"，主张"治世一道，便国不必法

古",其"变法"的实质也就是要限制和废除旧贵族的特权,用新的"法治"代替旧的"礼治"。法家代表人物都是各国变法运动的倡导者,邓析、李悝、吴起、商鞅、韩非等都是变古革新的斗士,许多人为变法献出了生命。

4.2.1　法家人生价值观的理论基础

人生价值与人的内在尺度紧密相关。先秦法家以抽象的人性论作为人生价值观的理论基础。在他们看来,人性都是好利恶害,自私自利的,但具体主张和论证却各有不同。其主要目的就是要通过人性逐利这一内在尺度来论证实行法治的必要性和可能性。

一般观点都认为先秦法家是主张"性恶论"的典型代表,但是这一标签化的论断其实并不符合法家人性论的本来面目。性恶论的判断与其说是法家自我的认知,倒不如说是他人从外部片面曲解法家人性论的结果。虽然法家在地域上有晋秦法家和齐法家的区别,在时间上有春秋时期、战国初期和晚期的差异,在学术侧重点上有法、术、势的区分,但作为整体的法家从未对人性在道德意义上进行善恶的评价与区分。

真正主张"性恶论"的其实是战国晚期儒家集大成者的荀子,荀子当然深深影响了他的学生韩非,但这并不意味着能将荀子的人性论直接等同韩非乃至整个法家的人性论。作为齐儒的荀子,本身就受到法家和儒家思想的双重影响,他在稷下学宫受到"自私自利"人性论的影响,并在此基础上提出了"性恶论"的学说,他说:今人之性,生而有好利焉,顺是,故争夺生而辞让亡焉;生而有疾恶焉,顺是,故残贼生而忠信亡焉;生而有耳目之欲,有好声色焉,顺是,故淫乱生而礼义文理亡焉。然则从人之性,顺人之情,必出于争夺,合于犯分乱理而归于暴。(《荀子·性恶》)在荀子看来,人的本性是贪图好利、喜欢享乐、追求感官刺激的,如果没有外在的规制,顺应人的本性发展就会导致暴乱、争夺和违背礼义。正是在此基础上荀子得出了"性恶论"的观点,并进一步认为"人之性恶,其善者伪也",同时荀子对人性恶的处境提出了"故必将有师法之道,礼义之道,然后出于辞让,合于文理,而归于治"。(《荀子·性恶》)外在的礼仪道德是违背人之本性的,但通过后天的道德教化能够在一定程度上改变人的本性,引导人性向善。也正是由于荀子强调礼仪教化的重要性,才使得他最终被归为儒家代表人物。

由此,可见荀子的"性恶论"观点,是儒法思想交叠影响的结果,站在儒家礼仪道德和品行教化的角度,去反思法家思想中对人性"好利恶害"的论断,自然会得出人性本恶的观点,所谓"化性起伪"。但无论是在荀子之前的法家代表人物如管子、商鞅、慎到等,还是深受荀子影响的法家集大成者韩非,都没有单纯对人性从道德上做出善恶的评价,而是试图客观化地描述"好利恶害"的人性及其外在表现状态。荀子和韩非都认为人性是自然形成的,荀子说:"生之所以然者谓之性。"(《荀子·正名》)韩非也曾言:"夫智,性也;寿,命也。性命者,非所学于人。"(《韩非子·显学》)但对于人性能否被改造这一问题,以荀子为代表的儒家和以韩非为代表的法家有着截然不同的观点,荀子坚持认为人的本性就是自私自利的,不加引导,必然会导致犯分乱理,可这种本性是应当通过道德教化进行改造的,并且在事实上也是可以改造的。与荀子不同,韩非坚持认为"好利恶害"作为人的本性,是一种客观状态,无法改造更无必要改造,只能因势利导,用外在的法律来顺应或限制人的本性。

由此可见,对法家的人性论一概贴上"性恶论"的标签是不妥当的,在法家看来,"好利恶害"的人性状态并不意味着是恶,正如有学者所说,在法家那里,"善、恶是具体的,有条件的,而不是抽象性的,无条件的,对这种人性不能笼统以善、恶言之。"

通过对认为法家持"性恶论"观点的驳斥,我们明白了法家实际所持的是"好利恶害"的人性论。不同时期、不同地域和不同学派的法家人物对这一人性观都有所阐发或加以引申。

春秋时期助齐国称霸的改革家管仲可谓是法家的先驱,其虽没有自著的作品流传于世,《管子》一书假托其名,"而是春秋战国时期以稷下佚名齐国土著学者所创作的",却也部分反映了管子的思想,其中就有"凡人之情,见利莫能勿就,见害莫能勿避"。(《管子·禁藏》)这是一种将趋利避害视作人的本性的观点。齐国的法家认为,人有趋利避害、乐欲忧恶的本性。《管子·禁藏》中说:"凡人之情,得所欲则乐;逢所恶则忧,此贵贱之所同有也。"在《管子》看来,欲望能够得到满足就快乐是人之常情。因此,追求功利就成为必然,"见利莫能勿就,见害莫能勿避……故利之所在,虽千仞之山,无所不上;深渊之下,无所不入焉"。(《管子·禁藏》)郑国子产也说"唯有德者能以宽服民,其次莫如猛。夫火烈,民望而畏之,故鲜死焉。水懦弱,民狎而玩之,则多死焉。故宽难"。(《左传》昭公二十年)值得注意的是,子产并没有把趋利避害看作是普遍现象,只是认为"小人之性"才是好利恶害的。"夫小人之性,衅于勇,啬于祸,以足其性,而求名焉者。"(《左传》襄公二十六年)同样在秦国主持变法、帮助秦国实现富国强兵的商鞅也曾说过:"民之性,饥而求食,劳而求佚,苦则索乐,辱则求荣,此民之情也。"(《商君书·算地》)在用词上主体由"人"换成了"民",在古代一般而言"人"和"民"也可以互替,例如柳宗元在《捕蛇者说》中有"以观人风得者焉"的表达,实际上本为"以观民风得者焉",但为了避唐太宗李世民的讳,以"人"代"民",就商鞅这一表达可以看出,他试图进一步发展"好利恶害"这一人性观。如果说管子在强调法令对人的欲望进行外部规制的同时,还积极倡导礼仪教化来对人的内心进行感化从而达致自律,所谓"礼义廉耻,国之四维",并且还在相当程度上主张贤人之治的话,那么商鞅就将国家对民众行为的规制完全建立在了法令的基础上,利用人们的"好利恶害"之心,来对其实施控制。商鞅说:"人生而有好恶,故民可治也。人君不可以不审好恶。好恶者,赏罚之本也。夫人情好爵而恶刑罚,人君设二者以御民之志,而立所欲焉。夫民力进而爵随之,功立而赏随之。"(《商君书·错法》)正是由于将人的关系理解为在单纯的利益关系,使得商鞅完全摒弃了道德教化对人们行为的规制,只通过赏罚性质的法令来控制人们这种"好利恶害"的本性,以实现国家的富强。到了商鞅那里,就把求利避害当成了人的本性,每个人都会在选择中"度而取长,称而取重,权而索利"。(《商君书·算地》)上升到人性的高度就是"民之性,饥而求食,劳而求佚,苦则索乐,辱则求荣,此民之情也"。(《商君书·算地》)商鞅把"民之于利"比做"若水之于下也"

(《商君书·君臣》),不可选择与阻挡。这里商鞅已经把人性对利的渴求看成了人的内在本质的必然。至此,法家功利乃人生价值的理论基础,已经得到了基本的论证。

慎到也继承并进一步完善了商鞅的人性论思想,在慎到看来,人性本来就是自私自利,为求生存而不择手段的。慎子说:"家富则疏族聚,家贫则兄弟离,非不相爱,利不足相容。"(《慎子·逸文》)与商鞅相比,慎到不仅否定了道德教化的作用,更要揭露其虚伪的一面,"能辞万钟之禄于朝殿,不能不拾一金与无人之地。"(《慎子·逸文》)此外,慎到更明确提出了君王利用"好利恶害"的本性以控制他人,"因人之情也,人莫不自为也。化而使之为我。"并将其落实到操作层面,"先王见不受禄者不臣。"(《慎子·因循》)以厚利驱使臣下为己所用。

战国晚期的法家集大成者韩非受到慎到人性论思想和其师荀子性恶论思想的双重影响,但是拒绝对人性从善恶判断出发,韩非试图以逐利性来解释人们一切的行为的动机和社会关系,将人的自利性命题推至极端,韩非说:"医善吮人之伤,含人之血,非骨肉之亲也,利所加也。故舆人成舆,则欲人富贵,匠人成棺,则欲人之夭死也。"(《韩非子·备内》)在韩非看来,不单是普通人之间以利处之,即使至亲之人也难逃计算之心。韩非说:"父母之于子也,产男则相贺,产女则杀之。此俱出父母之怀妊。然男子受贺,女子杀之者,虑其后便、计其长利也。故父母之于子也,犹用计算之心以相待也。"(《韩非子·难一》)至亲之间况且如此,君民与君臣之间更是如此,必是"利"字当头,相互利用。韩非说:"臣尽死力以与君市,君垂爵禄以与臣市,君臣之际,非父子之亲也,计数所出也。"(《韩非子·难一》)"君上之于民,有难则用其死,安平则用其力。"(《韩非子·六反》)正是基于对人性自利的论断,韩非同样也主张通过法律的规定,以"赏"和"罚"来强使人民守法奉公,为君主效力,实现国家富强。韩非说:凡治天下,必因人情。人情者,有好恶,故赏罚可用;赏罚可用;则禁令可立。而治道具矣。(《韩非子·八经》)韩非对"好利恶害"的人性论进一步扩充,在他看来,对利益的看重和追求不仅仅表现为物质上的,也体现为对名誉的需要。所谓"民之重名与其重赏也均"(《韩非子·八经》)这样,韩非就把儒家所强调的道德教化在人性自利命题下进行了解构。

韩非认同"人莫不自为也"(《慎子·因循》)的观点,并形成了自为自私的人性论。韩非生活的战国末期,社会矛盾尖锐复杂。他所描绘的人与人之间种种相攻、相夺、相害、相残的现象,正是社会矛盾的表现。在他看来,纯洁高尚的理想,友爱互助的情感,忠孝仁义的道德,均已荡然无存。韩非对舍利就危的行为质疑道:"人焉能去安利之道,而就危害之处哉?"(《韩非子·奸劫弑臣》)在他看来这种行为基本没有发生的可能性,因为人与人之间无非基于一个"利"字。人的一切思想、感情、言论、行动,都取决于对自己有利无利,根本不存在忠、孝、仁、义这类道德观念,"故不养恩爱之心"(《韩非子·六反》)正所谓"民之故计,皆就安利,如辞危穷。"(《韩非子·五蠹》)他多次强调:"人无愚智,莫不有取舍,喜利畏罪。人莫不然"(《韩非子·难二》),"人情皆喜贵恶贱"(《韩非子·难三》),"夫安利者就之,危害者去之,此人之愉也"。(《韩非子·奸劫弑臣》)每个人都为自己打算,"夫民之

性,恶劳而乐佚。"(《韩非子·心度》)。追求富贵、尊荣、安逸、快乐,逃避危险、祸害、艰难、痛苦,这是人的本性。"好利恶害,夫人之所有也"(《韩非子·难二》),这也是人一切行为的基础和出发点。

先秦法家的人性论发展到先秦法家的集大成者韩非这里已经完全抛弃了人性内在的道德与精神层面,只充斥了赤裸裸的外在利益关系了。基于对人性好利恶害、自私自利的共同认识,先秦法家韩非认为,人"皆挟自为心"。(《韩非子·外储说左上》)在韩非看来,所有人都把得到利益避免危害当成了所要追求的人生价值目标。

综上所述,从早期管子开始承认了人性自利的合理性并强调要礼法并重加以规制,到商鞅主张通过厚赏重罚,利用人们趋利避害的本性来实现国家富强;其后,慎到揭露了道德教化的虚伪性,将赏罚二柄作为驾驭臣子与民众的利器;最后,韩非彻底将人性自利的命题推至极端,"奉法为教,以吏为师",作为利益天平的法律成为衡量一切社会关系的准则。

4.2.2　法家人生价值观实现的途径

通过对法家人性论的厘清,我们知道法家以利害关系作为价值判定的标准,因此法家所理解的人生价值就是利益最大化的满足。一方面,法家认为,个体要想实现人生价值目标就必须通过建功立业,以达到利益最大化的满足;另一方面,法家认为,个体利益的实现必须依靠法治来实现社会的有序,只有避免了无序的争斗才能实现人生价值目标。"重刑连其罪,则民不敢试。民不敢试，故无刑也。"（《商君书·赏刑》）所以"法"设立的目的并不是为了竣罚，而是基于人们趋利避害的本性，用"法"的威慑来保障社会有序从而获得利益的最大化。商鞅从人性好利恶害出发，宣扬"重刑少赏"，其理由是轻罪重罚，那么人民就会恐惧，轻罪就不会出现，严刑重罚，百姓就畏惧，国家就能治理好，百姓就能各享其乐。此即所谓"以刑去刑"的办法。若天下国家都采用刑罚之术，那么最高的道德就会重新建立起来，所以道德是由利害关系产生的。

韩非也认为君主治国就是要利用人们趋利避害的本性，从积极意义的角度来说就是要以功利作为激励手段。既然"利之所在民归之"，因此在治天下时，应导之以利，"赏莫如厚，使民利之"。（《韩非子·八经》）国家政策就应建立在"利"的基础上，使人们相互为用，并为统治者所用。在这里韩非以功利原则作为评判一切的标准，认为只要能带来实际效益，便是合理的行为。他断言："夫言行者，以功用为之毂也。"（《韩非子·问辩》）在此，善恶的评价已为功利的权衡所取代。从这种认识出发，韩非视"利"为天下之最，强调用"法""术""势"来调整人们的利益关系，制裁人们的不法行为。另外，从消极的角度来说就是要以刑罚作为惩治手段。人都是好利恶害的，严刑和重罚都是人们所畏惧的，所以"凡治天下，必因人情。人情者有好恶，故赏罚可用"。（《韩非子·八经》）在韩非看来，实行法治不可避免地存在着暂时的痛苦，但却可以长久得利；实行仁道，恰恰是只能获得眼前的快乐和利益，但却抹杀了公平获得利益的机制，必定后患无穷。"法所以制事，事所以名功也。法有立而有难，权其难而事成，则立之；权其害而功

多,则为之。"(《韩非子·八说》)可见,在先秦法家看来,为了实现社会的稳定、和谐、有序的发展,实现真正的"利",法治路径是唯一的途径。

在尊君的前提下,"君臣、上下、贵贱皆从法"。法家认识到当时的法治必须以君主专制政体为政治基础,认为"君之功莫大使不争",只有他才有资格立法和变法。但法家认为国君立法和变法也须"因人之情""以道而行",而且法一旦颁布生效,就必须"官不私亲,法不遗爱""赏誉同轨,非诛同行"。

法本身必须统一,而且要有绝对的准确性和权威性。西周的惯例是"临事制刑,不豫设法",以致百姓处于"刑不可知""威不可测"的极端恐怖之中。针对这一情况,子产在郑国改革时提出了"都鄙有章,上下有服"的主张,并且铸刑书于鼎上,开中国成文法之先河。商鞅也主张颁布成文法,"使之明白易知""万民皆知所避就""有敢削定法令,损益一字以上,罪死不赦。"韩非则强调"法"要做到"言无二贵,法不两适",坚决反对在法令以外讲什么仁义、恩爱。

法治非严刑酷法不足以奏效。法家认为:"禁奸止过,莫若重刑",其"重刑"有特定含义:一方面是与"赏"相对,主张"刑多而赏少"和"先刑而后赏",刑罚比重应当大大超过赏赐,最好是"刑九赏一"。另一方面,更为重要的是加重轻罪的刑罚,只有轻罪重罚,才能"以刑去刑,刑去事成",才能使民"不敢为非""小过不生,大罪不至"。

"法"与"势""术"相结合。"势"即权势,"术"即统治策略。法家认识到法律的推行必须以国家政权为后盾。慎到说:"尧为匹夫,不能治三人,而桀为天子,能乱天下。吾以知势位之足以恃而贤智之不足慕也。"韩非进一步指出:"君执柄以处势,故令行禁止",要求人君"不养恩爱之心,而增威严之势"。

但需要注意的是,法家以功利作为调节人际关系的基本准则,必然导致功利意识的过度膨胀,使人对价值的追求走向歧途,使"人在双重意义上趋于工具化:他既是实现君主意志的工具,又是外在功利的附庸"①。这种理论思想培养的个体,不能视为健全的主体,而是功利的奴仆,更无人生价值可言。

4.2.3 法家人生价值观的理论得失

先秦法家人生价值观的贡献在于:其一,法家具有积极的现实态度。不可否认,法家都不避言利。他们认为,人生来就是为实现一定的功利目的而奋斗的,其个人的功利目的就是实现自己的人生价值。法家的人生价值就是干一番事业,以期青史留名,同时,高官厚禄也会随之而来。管仲说:"不羞小节而耻功名不显于天下也。"(《史记·管晏列传》)可见,法家的"功名"是与治天下联系在一起的。对于法家人物所在或所服务的国家,其功利目的就是使该国富强,成就霸业。应该说,法家的这种积极性、进取心和奋斗精神确实是人类社会所需要的。为达到这种综合性的功利目的,法家崇尚实力(国力、兵力),充分肯定利(物质基础)对社会生存和发展的作用。如商鞅认为,任何一个人,都应该树立功利目的,为"利禄"而奋斗,国家也应该确立这样的激励机制,

---

① 张岱年,方克立:《中国文化概论》,北京师范大学出版社,1994,第422页。

使任何人都有可能通过为国家做出贡献而获得应有的物质利益和社会地位。尽管其理论与实践都存在很大程度的偏颇,但客观上在一定程度上调动了人们的积极性,破坏了旧的宗法秩序,对国家统一和社会发展都起到了一定的促进作用。其二,法家人生价值观中包含了重法尚公的精神。法家明确区分公利与私利,力倡并实践私利服从公利的原则,坚持立法秉公、执法秉公,只要有利于国、有利于民,就不顾一切,决不计较利害,甚至不顾生死。韩非表示,只要有利于民众的利益,就坚持"立法术设度数",(《韩非子·问田》)决不怕遭到祸患。司马迁曾悲叹:"余独悲韩子为《说难》而不能自脱耳。"(《史记·老子韩非列传》)

先秦法家人生价值观的局限在于:其一,对道德的忽视或根本否定。先秦儒家尽管重义,但也并不排斥利禄,他们还以积极的态度参与政治活动,但儒家讲究取义中之利,不丧失自己的人格尊严,不违背基本的道德原则。先秦法家对道德的这种或忽视或根本否定的态度则是极其片面的。管子一派在强调物质生活水平对道德水平决定作用的同时,尚且承认并在一定程度上重视道德的作用,但法家总体上忽视道德对利益的反作用,在价值导向上贵利贱义。在治国手段上,看不到道德教化对维护社会秩序以及提高人类生活质量的积极能动作用,完全以法代替道德。只看到人性好利自私的一面,便把对社会发展过程中这一侧面的认识普遍化和绝对化,无视人性中需要道义的一面和产生道义的可能性,无视人之所以为人的尊严与价值。这在理论上是片面的、畸形的,在实践上是急功近利的、有害的。其二,极度尊君,维护剥削阶级的利益。法家把利看成人的全部价值和追求,如果说儒家主观上重天下大利而在客观上不得不归结于以君父为代表的统治阶级的利益的话,法家则直言不讳地尊崇君父之利,甚至在很大程度上把它作为利的全部内容,并定义之为"公",反对君利(或以君利为国家利益)以外的一切个人利益。这些思想造成了对百姓正当利益的压制,同时这种极度尊君的思想对封建制度发展过程中的专制性起到了推波助澜的作用。

4.3 《列子·杨朱篇》的人生价值观

《列子·杨朱篇》其成书大体时代为晋代,是西晋中叶谢鲲、王澄等放荡派的理论形态。[①]《列子·杨朱篇》以感官的满足为人生的快乐,以极端纵欲的感性享乐为人生的最终目的,其人生价值取向必然倒向极端的利己。其放荡不羁的主张构建了我国历史上非常罕见的极端功利主义人生价值观。

杨朱的思想及体系,除了"贵己"与"重生"外,近乎一无所知。如果联系《杨朱》篇综合考察,我们将颇有收获。杨朱的"贵己"与"重生"只是他思想体系中极为外显的表象。"贵己"和"重生"在杨朱的思想体系中是相互联系和统一的两个方面。"重生"理论确切地讲其方法或者思想根源应该是"全性保真,不以物累形"(《淮南子》),这也正是杨朱何以被称作早期道家的代表人物的主要原因。

据《杨朱》篇我们可做出如下解读:首先,杨朱的认识论和方法论基础——深刻的名实之辨。名实之辨可以看作杨朱学说的

---

① 任继愈:《中国哲学发展史(魏晋南北朝)》,人民出版社,1985,第265页。

重要基石,钱钟书先生也看到了这一点:"此篇以身与名对待,正如《力命》之以力与命对待也"。在名与实之间,杨朱的基本立场是"不为名所劝",但是他又不是一味地摒弃"名",文末非常明确地表明了自己的观点:反对"守名而累实"。需要特加阐述的是,必须把这一学说放到当时诸子论辩的背景之中。如《庄子》言,当时较为著名的有五家,"庄子曰:'然则儒、墨、杨、秉(指公孙龙,按成玄英疏),与夫子(指惠子惠施)为五,果孰是邪?'"(《庄子·徐无鬼》),我们对比分析五家可以发现,五家的主张和思想趋向不同,但是有一个共同点,就是均以名实之辨立说。儒家之孔子理论的核心是复周礼,但是"恢复周礼的权威,重新肯定宗法等级制度的秩序,而其要害就是要正名";墨家理论的核心是"兼相爱,交相利"(《墨子·兼爱上》),他也不例外地进行了名实的辩论:"墨子提出的名实关系的问题,实际上也是反对孔子的。孔子认为'名'是决定'实'的,指责'实'不符合'名',企图用'名'来纠正'实',提倡'正名'。墨子指出,正是由于孔子这些所谓的君子颠倒了名实的相互关系,所以,才造成人们认识上的混乱。"这种名实之辨具有了基本的认识论和方法论意义。公孙龙和惠施二人的名实之辩更是明显,兹不赘论,可见名实之辨是当时论辩的重要的认识论依据。

杨朱当然也不例外,以名实观指向自己的学说。从本篇可以看出在当时的百家争鸣中,杨朱思想锋芒的指向显然是可寻的。杨朱的名实之论主要是针对儒家的。"公孙朝和公孙暮"一段很明确,子产显然是代言儒家的:"治身以及家,治家以及国,此言自于近至于远也"。然后就计划"喻以性命之重,诱以礼义之尊"来规劝兄弟两人："人之所以贵于禽兽者，智虑。智虑之所将者，礼义。礼义成，则名位至矣"，不想遭到了两人的激烈回应："尊礼义以夸人，矫情性以招名，吾以此为弗若死矣"。两人的回应针针见血，直刺子产所谓"礼义"和重"名"。礼崩乐坏时，孔子就是要恢复周礼的权威（"复礼"），重新肯定宗法等级制度的秩序，而其要害就是要正名。正如他所言："名不正则言不顺，言不顺则事不成，事不成则礼乐不兴，礼乐不兴则刑罚不中，刑罚不中则民无所措手足。"（《子路》）。杨朱的学说就是反对所谓的"礼乐"和"名"，直接以"名者实之宾"的论点论对儒家，这也就难怪孟子如此激烈的贬斥杨朱，把他作为自己的对手了。而在方法论和认识论上，《庄子》完全抛弃了"五家"的做法，跳出了以名实立论的路数，"作为庄子认识论的出发点，是他对客观物质世界的相对主义理论"所以正是在这个意义上，《庄子》对包括杨朱在内的五家均不以为然。所以，从《杨朱》篇，我们可以窥见杨朱的认识论和方法论基础。其次，是杨朱的社会理想——不取、不与和"君臣皆安，物我兼利"。诸子争鸣的一个重要的焦点是名实之辨，但是无论最终结论如何，其名实之学的背后必然是更深远的社会理想，徐复观在《两汉思想史》序言中说："我研究中国思想史所得的结论是：中国思想，虽有时带有形而上学的意味，但归根到底，它是安住于现实世界，对现实世界负责；而不是安住于观念世界，在观念世界中观想。"正所谓"正名实是为了一种理想的社会秩序"。

　　杨朱也不例外，我们熟知的"贵己""重生"只是杨朱学说的重要特征和概括，这学说背后隐藏着自己更为深刻的社会理想。正如《杨朱》篇所言："名胡可去？名胡可宾？但恶夫守名而累实。

守名而累实,将恤危亡之不救,岂徒逸乐忧苦之间哉?"可见杨朱并非仅仅局于"逸乐忧苦",他更加顾虑的是"危亡之不救",也即其中寄予了他的社会理想。(同时这也是对"纵欲主义"说的直接反击)《杨朱》篇表明了杨朱的社会理想,也即所谓的"善治外者,物未必治,而身交苦;善治内者,物未必乱,而性交逸。以若之治外,其法可暂行于一国,未合于人心;以我之治内,可推于天下,君臣之道息矣","君臣皆安,物我兼利"。对此,"贵己"之说我们不可以理解为利己或者自私。"古之人损一毫利天下不与也,悉天下奉一身不取也"不能成为杨朱"一毛不拔"的论据,其有不与之意,但同时也有不取之意(悉天下奉一身不取也)。"贵己"论是和墨子的"兼爱"论直接相对的,和墨子的学说一样是寄寓了杨朱对整个人类社会的美好希冀的。墨子的理论基于"兼以易别","视人之国若视其国,视人之家若视其家,视人之身若视其身"主张人类的兼爱,但是要让每个人进入这样理想的社会体系并非易事。"墨子提出的兼爱作为一种价值理想,反映了人民对未来社会的美好愿望。但也正因为如此,他在当时的社会条件下缺乏必要的生存基础",他的美好理想和愿望被证明是缺乏生存基础的。

杨朱好似深切地认识到了这一点。有针对性地提出"人人不损一毫,人人不利天下,天下治矣"。这个学说如果联系当时其他学派主张就好理解得多了,正如孔子倡导"仁"爱天下,宋尹学派"人人见侮不辱",老子高倡"知不敢、弗为,则无不治矣"一样,它是杨朱对这个社会所下的一剂处方。我们与其将杨朱的"贵己""重生"看作他的养生之道甚或所谓"纵欲",不如将这看作他对社会理想的象征,正所谓"吾常欲以此术而喻之"。

　　杨朱以"贵己""重生"所象征社会理想在于:"古之人损一毫利天下不与也,悉天下奉一身不取也。人人不损一毫,人人不利天下,天下治矣。"以每个社会成员的"贵己""重生",每个人都不取于天下,从而达到理想的社会状态:"君臣皆安,物我兼利"。杨朱认为导致社会混乱的原因就在于有"取"有"与",有的人会"损一毫"以利天下,而同时也有人会让"悉天下奉一身",这样自然而然就有了所谓的君臣之道,有了求贤名者。不管是儒家还是墨家的君臣之道都让杨朱感到失望,有"取"有"与"的君臣之道都无法解决当时的社会混乱。这种有"取"有"与"也被杨朱称为"治外"。"以若之治外,其法可暂行于一国,未合于人心"。那么如何才能"推之天下"、合于人心呢?《杨朱》认为:"以我之治内,可推之于天下, 君臣之道息矣。"然而"治内"何以推之"天下"? 或说两者联系之根本何在? 笔者认为杨朱"公天下之身、公天下之物"论点是梳理其中机理的关键,但是这段资料极少,"重生"的本质是"从性而游"、自然,同时也就可以表述为"不横私天下之身,不横私天下之物""公天下之身,公天下之物""不取""不与"。"贵己"和"重生"在此本质上关联起来,同时也沟通了杨朱的治国理想。

4.3.1　《列子·杨朱篇》对人生追求的描述

　　《列子·杨朱》篇认为人的生死是一种自然现象,它遵循着一致的自然规律,不以个人的主观意愿为转移,指出祈求长生不死或延寿久生不过是人们一种主观心理愿望,而在现实生活中根本不可能实现。人的生命既不会因为自己的刻意珍重而长存,人的

青春也不会由于自己的倍加爱护而永驻。不仅如此,对人生来说,欢乐苦短,忧患苦多,活一百年犹嫌太过。因此,追求长生不老、让人生经历更多的痛苦忧患,那岂不是作茧自缚、自寻烦恼?《列子·杨朱》篇既反对人们追求长生不老,又反对人们人为地结束自己的生命。它认为追求长生不老固然是异想天开,但人为地结束自我生命也不应该,如果人为地"践锋刃,入汤火",寻死觅活,同样有悖情理,违反了生死的自然规律。正确对待生死的态度是:"不求长生亦不求速死,或者说既不恋生,也不畏死。人活着,就自由自在地活;人死去,就坦然自若地死。一切听之任之,听天由命,不用人力去干预它。"

《列子·杨朱》篇认为,人们之所以不要去追求长生,是因为在人的一生中幸福欢乐如白驹之过隙、电光之倏忽,而忧愁困苦却像影子一般时时缠绕着人们。"百年,寿之大齐,得百年者,千无一焉。设有一者,孩抱以逮昏老,几居其半矣。夜眠之所弥,昼觉之所遗,又几居其半矣。痛疾哀苦,亡失忧惧,又几居其半矣。量十数年之中,迫然而自得,亡(无)介焉之虑者,亦无一时之中耳。"既然如此,追求不死与久生除了自讨苦吃之外还有什么意义呢?《列子·杨朱》篇不仅看破了生,而且参透了死。"万物所异者生也,所同者死也。生则有贤愚贵贱,是所异也;死则腐骨;生则尧舜,死则腐骨。腐骨一也,孰知其异?且趣当生,奚遑死后?"不是么?有人生前食则当黍稻粱,衣则绫罗绸缎,居则高楼华厦,出则宝马香车,享尽人间荣华。而有人却衣不蔽体,食不果腹,贫无立锥之地,家无隔夜之粮,栖身于茅草破屋尽受人间苦难。人生在世的差异何窗霄壤,可是,人们却面临着一个共同的结局——死亡。不管你生前是位极人臣还是穷愁困顿,也不管你是贤明的圣主尧舜还是荒淫的暴君桀纣,最终都免不了"臭腐消灭",化成一堆腐骨或一抔黄土。尽管人们心里极不愿意,但因无法遏止死神的脚步而又无可奈何。《列子·杨朱》篇从人必死归于齐一的经验事实中,却悟出了人应该重视现世享受、及时行乐的消极结论。

《列子·杨朱篇》认为,人生的目的和意义就是"从性所游、从心所游",按照人的本性去生活。杨朱把其称为"生究其欲"也就是"尽一生之欢,穷当年之乐"。(《列子·杨朱篇》以下凡引此篇皆不复注)这种快乐只是满足感官的刺激,"恣耳之所欲听,恣目之所欲视,恣鼻之所欲向,恣口之所欲言,恣体之所欲安,恣意之所欲行",完全是一种感性的需求。在《列子·杨朱篇》中,感官的快乐就是人生的本质,只要"丰屋美服,厚味姣色。有此四者,何求于外?"在这里不能看到任何理性与精神需求的成分。为此,《列子·杨朱篇》给人们树立了两个追求感官享乐的楷模,一个是公孙朝,一个是公孙穆。"朝好酒,穆好色。朝之室也聚酒千钟,积曲成封,望门百步,糟浆之气逆于人鼻。方其荒于酒也,不知世道之安危,人理之悔吝,室内之有亡,九族之亲疏,存亡之哀乐也。虽水火兵刃交于前,弗知也。穆之后庭比房数十,皆择稚齿婑媠者以盈之。方其耽于色也,屏亲昵,绝交游,逃于后庭,以昼足夜;三月一出,意犹未惬。乡有处子之娥姣者,必贿而招之,媒而挑之,弗获而后已。"公孙兄弟的酒色享乐其实质没有任何精神成分的需求,正如柴文华先生认为的那样,《列子·杨朱篇》"建构了我

国思想史上绝无仅有的以感性享乐为主旨的人生哲学系统"①。《列子·杨朱篇》认为感性的享乐是人生价值的唯一目标。这种建立在感性主义基础上的人生价值观为了满足生理的需求就不可能有理性的成分，更不可能受到道德的制约。因此，《列子·杨朱篇》的思想沦为一种极端的利己主义人生价值观也就不足为奇了。

4.3.2　《列子·杨朱篇》人生价值观的逻辑理路

首先，《列子·杨朱篇》从其生死观中得出，人应该在有限的生命中去追求最大化的感官快乐。杨朱认为，人的生死都遵循着自然规律，是不可以人为改变的，死是必然的。"百年，寿之大齐，得百年者，千无一焉。设有一者，孩抱以逮昏老，几居其半矣。夜眠之所弥，昼觉之所遗，又几居其半矣。痛疾哀苦，亡失忧惧，又几居其半矣。量十数年之中，逌然而自得，亡（无）介焉之虑者，亦无一时之中耳。"因此，追求不死与久生是毫无意义的。既然人生苦短，我们为什么不在短暂的人生中最大限度地去享受快乐呢？况人生无论怎样度过都要面临同样的结局——死亡。"万物所异者生也，所同者死也。生则有贤愚贵贱，是所异也；生则桀纣，死则腐骨。腐骨一也，孰知其异？且趣当生，奚惶死后？"可见《列子·杨朱篇》的生死观中，已经蕴含着重视现世享受、追求感官愉快的两个基本前提：其一，人生短暂、韶华难再，不可能长生不老和延寿久生，无论贤愚贵贱、穷通寿夭都难逃一死；其二，人死后化

---

① 柴文华：《列子·杨朱篇伦理思想臆评》，《学术交流》1990 年第 6 期。

作一堆腐骨或一把黄土，无知无觉，无拘无碍，因此，不必顾及身后的虚名浮誉、利害得失。唯一的实在就是把握当前有限的人生，纵情恣意，最大限度地追求此生快乐，即所谓"尽一生之欢，穷当年之乐"。

那么，人怎样在有限的生命中获取最大的欢愉快乐呢？《列子·杨朱》篇指出，首先要解脱束缚身心的精神枷锁。那些世俗的礼法、人为的规范以及儒家仁义道德的虚伪说教，都是残害身心的"重囚累桎"。人生的快乐就是追求美服厚味、好声姣色，可是世俗的刑赏名法、虚誉余荣却限制了人们对物质欲望的追求和掩盖了人们的天性和本来面目，人们不仅不能尽情享受人生的乐趣，反而成了套上重重枷锁的囚徒。在杨朱看来，人生最大的悲哀莫过于此。因此，挣脱世俗礼法的束缚，打碎仁义道德的枷锁，恢复人的天性和本来面目，使人们无拘无束、自由自在地享受人生的快乐，就是人生的最大价值。《列子·杨朱篇》虽然"参透"了人的生死，看到了人必有一死，但为了获得最大的快乐，却十分重视养生。但杨朱并非把养生与延年益寿看成是快乐本身，而只是一种手段而已。《列子·杨朱篇》认为养生的要诀在于尽情适意地享受各种肉体官能的生理快乐，如果一个人能最大限度地享受感官的生理愉悦。那么，即使他活一天、一月、一年、十年也远远胜过痛苦地活百年、千年、万年。因为循礼守法、刻意从俗，压抑自由的本性和欲望是人生的最大痛苦，是对人本性的扭曲和摧残。如果不能纵情逸乐，那还不如去死。"凡生之难遇，而死之易及。以难遇之生，俟易及之死，可孰念哉！而欲尊礼义夸人，矫性情以招名，吾以此为弗若死矣。为欲尽一生之欢，穷当年之乐，唯

患腹溢而不得恣口之饮,力惫而不得肆情于色,不逞忧名声之丑,性命之危也。"正因为"生之难遇而死之易及",所以《列子·杨朱篇》劝导人们不要虚度有限短促的人生,不要担忧"名声之丑"和"性命之危",不要消极地等待死神的来临。相反,要"肆情声色","尽一生之欢,穷当年之欲",人生最大的价值莫过于此。

其次,《列子·杨朱篇》从名利观中得出,去名求实才是最大的快乐和人生价值。"名"作为社会规范的衍生物,无形中束缚制约了生命的自我追求与完善。在杨朱看来,死是随机的,容易的,"凡生之难遇而死之易及",死始终伴随着生命,威胁着生命。因此,杨朱从价值选择上不能容忍有限的生命中"伪名"的存在,所以杨朱就必然要去名。去名是杨朱对死进行追问的必然结论。去名的目的在于"生之乐",而这种生命之乐的具体内容则是"丰屋美服,厚味姣色"。而按照一般逻辑,名与这种衣、食、住、行等生命之享乐并非截然对立,不可兼得。于是,杨朱预设问难曰:"今有名则尊荣,亡名则卑辱。尊荣则逸豫,卑辱则忧苦。忧苦,犯性者也;逸乐,顺性者也。斯实之所系矣。"但杨朱的回答却是:"但恶夫守名而累实。"这就是说,名固然有顺性、逸乐的一方面,但问题是,求名和保有名声的过程,必将使生命天性异化。更何况"守名而累实,将恤危亡之不救,岂徒逸乐、忧苦之间哉?"如果因"守名"而危及性命,那就不仅仅是"顺性"与否的问题了。正所谓"凡为名者必廉,廉斯贫;为名者必让,让斯贱",这既"苦其身",又"焦其心""徒失当年之至乐,不能自肆于一时",与"重囚累桎,何以异哉?"名誉既然是追求享乐的障碍,因此人们应当去名取实。不要为了"逞逞尔竞一时之虚誉",却"以焦苦其形"作为代价,得不偿失。他说:"从心而动,不违自然所好,当身之娱非所去也,故不为名所劝。从性而游,不逆万物所好死后之名非所及也,故不为刑所及。"在杨朱看来,心和性是生命自本自根的东西,而名则是社会关系的一种外在赋予。为名逆心,就是生命本身的一种异化,所以他要"从心";而"从心"的直接目的就是"当身之娱"。"娱"是心的具体表现,即杨朱所说的"至乐",也就是"为美厚,为声色"。这也是庄子的"为善无近名"。(《庄子·养生主》)另一方面,"从性"即意味着与万物融为一体,不会为身后之名僭越社会法度而受到惩戒。此庄子所谓"为恶无近刑"。(《庄子·养生主》)从心、从性,妙达自然,不为世俗善恶所囿,所以也就不会"为名所劝""为刑所及"。(《庄子·养生主》)这种思想源于庄子。但庄子之性,义在淡泊无欲;而杨朱之性,则近于嵇康"从欲为欢"(《难自然好学论》)的命题。

《列子·杨朱篇》甚至认为,名誉不仅对生前有害,而且对死后也毫无意义。杨朱曰:"天下之美归之舜、禹、周、孔,天下之恶归之桀纣。凡彼四圣者,生无一日之欢,死有万世之名。名者,固非实之所取也。虽称之弗知,虽赏之不知,与株块无以异矣。彼二凶也,生有纵欲之欢,死被愚暴之名。实者,固非名之所与也,虽毁之不知,虽称之弗知,此与株块奚以异矣。彼四圣虽美之所归,苦以至终,同于死矣。彼二凶虽恶之所归,乐以至终,亦同归于死矣。"追求名誉与生前的享乐是有矛盾的,应当去名取实,宁作"二凶","乐以至终",不作"四圣","苦以至终"。这里《列子·杨朱篇》把"名"彻头彻尾地否定了,"名"不再有任何与"实"相关联的好处了,故为人只应为"实"。

4.3.3 《列子·杨朱篇》人生价值观的实质

《列子·杨朱篇》对生死名实的认识有一定的客观性,那么为什么生死的必然性与客观性会成为利己与纵欲的逻辑前提呢?或者我们可以这样追问:晋人为何要借杨朱之口来表达利己与纵欲呢? 魏晋是中国历史上又一次文化大交流的时期,人们对名教的压抑业已通过各种方式表达出来。魏晋士人追求个性解放,反对禁欲,这是人的本性使然,然而它的纵欲享乐是非理性的、颓废的。在这种纵欲享乐的温床上,传统中某些潜伏着恶的因素必然发展到极端,从而表明传统内部的断裂与病变。因为它没有以真正的社会进步和整个社会比较富裕为前提,而只是在原有社会状态下通过最大限度的剥削与聚敛,限制大部分人的生活权利,造成对大多数人的人性戕害,以供少数人挥霍,满足极少数人的人性需求。这对于今天的市场经济条件下的某些怪异现象也是一个警示。对死的不同态度,构成不同的生存境界。对儒家而言,生死矛盾转化为以"三不朽"之理性原则,达到生对死的彻底超越,从而形成"天行健,君子以自强不息"(《易·乾·象》)的刚毅有为的精神意蕴。先秦道家,以本体之"道",使生死还原,最终把死亡焦虑,提升到精神的自由逍遥状态。而《列子·杨朱篇》为了消解生死对抗的方式,则走向了极端的利己与纵欲。

《列子·杨朱篇》是由生死这一切入点来看待人生的价值,由生的苦短、死后的齐一为逻辑起点,为其纵欲与利己找到根据。事实上,如果个人以追求最大限度的感官满足为快乐,必然会导致极端的利己的享乐主义人生观。享乐主义实际上是"把丑恶的物质享受提高到了至高无上的地步,毁掉了一切精神内容"①。
《列子·杨朱篇》是魏晋特定时代思想的反映,因此不可避免地带
有玄学之风,而且由于是借杨朱之口,所以更为夸张与大胆,以至
于过分地强调了个人利益,试图通过逃避社会责任和义务而实现
个人的人生价值。张岱年说:"杨朱之说以'为我''贵己'为特
点,可以说突出了个人。"②这种追求享乐、纵欲的人生价值观,把
感官欲望的满足看作是人生的唯一价值,片面强调人的生理需要
和自然属性,而置人的精神需要和社会属性于不顾,从而根本否
定了人的社会性。《列子·杨朱篇》没有认识到,人既是单一的个
体存在,又是社会的群体存在,而且只有维护他人和社会的生存,
才能维护自身的生存。人欲望的满足完全不同于动物欲望的满
足,它具有超生物的、社会的、精神的意义,具有超越生理快感的
精神快感。同时,过分放纵自己的欲望,"唯患腹溢而不得恣口之
饮,力惫而不得肆情于色",不仅不是"贵生爱身",反而是"伤身
害性"。《列子·杨朱篇》所描绘的人生价值无外乎是更多地追求
声色情欲的感官满足,最大化地追求及时行乐。这样极端利己的
纵欲思想是与玄学放达派的思想是完全不同的。他们肆性所要
的绝不是声色情欲,他们只是纵酒以慰藉自己的心灵,追求精神
上的解脱与满足。而《列子·杨朱篇》的放与纵则重在物欲声色,
其人生价值观的实质是典型的以追求最大化自我感官享乐为目
的的极端功利论。

---

① 马克思,恩格斯:《马克思恩格斯全集》第 1 卷,人民出版社,2001,第 661 页。
② 张岱年:《道家玄旨论》第 4 辑,上海古籍出版社,1994,第 158 页。

4.4 浙东事功学派的人生价值观

唐朝以降,由于封建社会基本矛盾的转化,民族矛盾成为主要矛盾。"与北宋政权相比,南宋政权偏安于东南一隅,面对着占据中原之地虎视眈眈的金政权一直处于劣势,显得岌岌可危。"如何富国强兵收复失地,始终是南宋思考变革问题的出发点。南宋中期的浙东地区出现了以陈亮为代表的"永康学派"和叶适为代表的"永嘉学派"。因这两个学派都反对理学家们的空谈心性命理,强调追求实事实功,而被人们统称为"南宋浙东事功学派"。

南宋浙东事功学派学者在学术研究和社会实践中体现出爱国、变革和求实精神,这些精神从一个方面集中反映了中国古代知识分子的传统思想精华。南宋小朝廷自建立之时起,便陷入重重危机之中。在外,民族矛盾尖锐;在内,社会动荡不安。这种严峻的社会形势,锻炼和造就了一大批具有强烈忧国忧民意识的爱国学者,陈亮、叶适、吕祖谦等人便是其中的代表。他们"常念仇耻之未复,版图之未归",痛斥统治集团内部一些人以"僵兵息武,帝王之盛德;讲信修睦,古今之大利"等冠冕堂皇的借口,幻想以屈辱的和议求得偏安一隅的苟且投降思想,要求当政者克服怯敌心理,组织民众奋起抗敌,以收复中原;他们抨击部分学者对国家和民族危机熟视无睹,沉醉于所谓"惩忿窒欲,迁善改过""穷理修身,学取圣贤事业"的空谈浮夸学风,强调学术研究必须为现实服务,为抗金大业民务。为此,他们一方面努力学习军事,研究战略战术,分析敌我形势,提出了不少抗金军事主张;另一方面,又从政治、经济等方面深入探讨导致国势衰微的深层原因,寻找救国救民的有效途径。可以说，南宋浙东事功学派的各种理论和思想，都是围绕救国兴国这一主题展开的。不仅如此，该派的不少学者还以一介书生投身于抗击金兵的实际斗争中。如绍兴三十一年(1161年)薛季宣保卫武昌，开禧二年(1206年)叶适、徐谊相继守建康，以及陈谦捍卫襄阳，王允初坚守安陆等。

从爱国主义思想出发，南宋浙东事功学派力主变革图强。他们认为，自北宋后期以来国势日衰局面的出现，乃是统治者因循守旧、不思变通的结果。要从根本上改变国弱民贫的状况，克服现实危机，就必须树立起因时而变、顺势而通的观念，大刀阔斧地实行改革。然而，当时的南宋朝廷却"忍耻事仇，饰太平于一隅以为欺"，毫无励精图强之志。对此，浙东事功学者既极为不满，又深感忧虑。陈亮在给孝宗皇帝的上书中反复指出，国家的危机并不是"道微俗薄"所致，而是"本朝维持之具，二百年之余，其势固必至此"，强调"使天下安幸无事，犹将望陛下变而通之"，何况今天"版舆之地半入于夷狄，国家之耻未雪，臣子之痛未伸"，若再"不思所以变而通之，则维持之具穷矣"。吕祖谦也说："祖宗之意，只欲天下安，我措置得天下安，便是承祖宗之意，不必事事要学也。"显然，陈亮等人是从国家兴亡的高度来谈论变革问题的，他们力倡变革，不仅仅是为了抗击外敌，更主要的是想谋求国家的长治久安。他们把变革分为三种，一是"可以迁延数十年之策"；二是"可以为百五六十年之计"；三是"可以复开数百年之基"，其中"复开数百年之基"正是浙东学者的变革目标之所在。因此，他们所提出的变革主张，也不只限于政治、军事领域，而是涉及经济、教育、文化学术等社会诸方面，由此而形成的政治、经

济、军事、文化教育等思想,都无不表现出一个"变"字。就此而言,浙东事功学派的产生,并不单纯是学术发展的结果,也是当时社会上的变革思潮在学术思想领域的反映。

与爱国和变革思想相联系,南宋浙东事功学派在学风上表现出强烈的求实精神。他们十分强调学术研究的实事求是原则。反对那种脱离实际的虚妄学说和空洞说教,主张治学务必讲实事、究实理、求实效。叶适说:"读书不知接统绪,虽多无益也;为文不能关教事,虽工无益也;笃行而不合于大义,虽高无益也;立志不存于忧世,虽仁无益也。"吕祖谦也说:"大抵为学,不可令虚声多,实事少","学无所用,学将何为邪?"陈亮则更是对当时的务虚浮夸学风提出了尖锐的批评,指出:"自道性命之说一兴……为士者耻言文章、行义,而曰'尽心知性';居官者耻言政事、书判,而曰'学道爱人'。相蒙相欺以尽废天下之实,则亦终于百事不理而已"。正是从这种求实、致用的观念出发,浙东事功学派的学者们在学术研究中既敢于怀疑和批判,又善于兼容和吸收,并在此基础上勇于开拓和创新。陈亮公开对传统儒学的许多理论观点提出批评,甚至连汉唐以来一直被人们视为神圣不可侵犯的"六经"也敢于怀疑。但与此同时,他又继承了儒学的一系列基本原则,并对它们做出了与众不同的阐述和发挥。叶适大胆地否定了子思、孟轲的"儒宗"地位,认为"舍孔子而宗孟轲,则于本统离矣"。他还对曾子、荀子、老子、庄子等许多先秦思想家提出了批评。但另一方面,他又吸收和借鉴了这些学者的不少思想。而吕祖谦的学术体系更是在兼取各家之说、博采众家之长的基础上形成的,正如后人所评价的:"吕祖谦对各家学说所采的方针是兼容并包,委曲拥护,因此,吕学较之朱学、陆学以及其他功利学派,虽然显得驳杂不纯,但其容量却是首屈一指的,其中储存了当世各种思潮的信息。"他"企图汲取各家学说中合理之因素,构筑自己的理论体系,从而为风雨飘摇中的南宋政权提供综合当世各家之说、兼取其长的理论基础,以摆脱政治上、经济上的危机。

南宋浙东事功学派的爱国、变革和求实精神,对后世学者,尤其是以黄宗羲等人为代表的明清之际的浙东学者产生了深远的影响。梁启超在分析黄宗羲等人的思想时说:"他们对于明朝之亡,认为是学者社会的大耻辱、大罪责,于是抛弃明心见性的空谈,专讲经世致用的实务。他们不是为学问而做学问,是为政治而做学问。"他们"不肯和清政府合作",宁可把梦想的经世致用之学依旧托诸空言,但求改变学风以收将来的效果。确实,相近的社会环境,使得明清之际的浙东学者对陈亮等人的思想有更深刻的感受,在学术上也显示出相似的特点。

4.4.1 "道"的新解

"道"是中国哲学的基本概念,对它的理解是任何一位哲学家都不能回避的问题。在儒家那里,"道"就是指能够惠泽万世的伦理道德和社会法则。宋儒将"道"作为维护社会秩序稳定的伦理道德和社会法则,将"道"作为人生价值的唯一依据。但南宋浙东事功学派最关注的是实际问题的解决,不会对本体的东西进行过多形而上的思考,更不会空谈性理。

陈亮认为,提出"道存于物""道在事中"。他认为,有利于国家利益和人民福祉的行为就是行"道"。他说:"夫盈宇宙者无非

物，日用之间无非事。古之帝王独明于事物之故，发言立政，顺民之心，因时之宜，处其常而不惰，遇其变而天下安之。今载之书者皆是也。"①只要有"道"存在的地方，就一定有事物。"道"不具有任何超验的性质，而是普遍存在于人们的日常生活之间。人们的言行符合礼义，就是符合"道"，所以"道"作为维护社会秩序稳定的伦理道德、社会法则，不能离开具体事物而独立存在，一定要在事物中表现出来。叶适也认为人应该先尽人道，而不是"求备于天以求之"。"天自有天道，人自有人道。"(《叶适集》，卷二十)叶适所说的尽人道，其实体现了他对人主观能动性的肯定，而且他把这种主观能动性的发挥从一种预先设定好的范围内解放了出来，我们应该注意到，这是一个很大的进步。通过对于天道人道性质和关系，以及儒家传统命、格物致知的全新解读，南宋浙东事功学派完成了其义利观在哲学层次上构建的两个最重要步骤，一是把人道从天道中剥离了出来，强调天道和人道的相对独立。二是把人道之道规定成了一种唯在实践基础上形成的价值判断标准，与人的实践相联系，而非决定于先验观念。这样一来，价值判断标准和对利的追求要符合的价值标准就归为了一致。

浙东事功学派继承和发展了儒家传统的道德价值体系，以此作为其价值观理论的基础。陈亮等人始终十分强调坚持仁义忠孝等儒家道德规范的重要性，认为这不仅是正确做人的基本原则，也是治平天下的关键。"忠孝者，立身之大节"(《陈亮集》卷

① 《陈亮集》卷10，中华书局，1974，第103页。

二十二《忠臣传序》），"夫义者，立人之大节"（同上《义士传序》）；
"礼乐刑政，所以董正天下而君之也；仁义孝悌，所以率先天下而
为之师也"（同上卷十一《廷对》）。因此，无论何时都不能对这些
道德规范有任何怀疑。"仁义礼乐，三才之理也，非一人之所能自
为。三才未尝绝于天下，则仁义礼乐何尝一日不行于天下。"（《水
心别集》卷八《进卷·王通》）但另一方面，一切道德只有与一定
的社会实际相结合，并获得相应的效果才有真正的价值，否则便
不免沦为虚伪的说教。就当时的实际情况来说，坚持仁义道德就
是要致力抗金斗争和谋求国家统一的社会事功，若置国家危亡、
民族危难的现实于不顾，去奢谈什么仁义忠孝，则仁义道德最多
只能成为一些人明哲保身、沽名钓誉的借口。由此，浙东事功学
者进而明确提出了"以利和义，不以义抑利"（《习学记言序目》卷
二十七《魏志》）的观点，强调利既是"义之和"，也是"义之本"，在
实践中，既要坚持"义"（仁义道德原则），又要谋求"利"（有利于
社会发展的事功），做到义利的真正统一。这种义利的统一表现
在价值观上，就是奋发有为的人生价值观，国泰民安的社会价值
观，革新图强的政治价值观，经世致用的学术价值观，以及扬名后
世的理想价值观。

　　浙东事功学派继承和发展了儒家传统的"民本"观和"仁政"
思想，以此作为其政治学说的理论内核。在浙东学者看来，导致
宋王朝国弱民穷状况的直接原因是统治集团的腐败，而产生腐败
的根源在于统治者抛弃了"民本"与"仁政"原则，只知对外"忍耻
事仇，饰太平于一隅以为欺"（《陈亮集》卷一《上孝宗皇帝第一
书》），在内"巧立名字，并缘侵取，求民无已，变生养之仁为渔食之

政,上下相安,不以为非"。(《水心别集》卷二《进卷·民事上》)因此,要振兴国势,谋求中兴,首先必须树立起以民为本、施行仁政的观念,做到"顺民心""能爱民",施"宽仁之政",行"惠民之策"。可以说,浙东事功学者的政治思想都是由此展开的。如陈傅良一针见血地指出:"方今之患,何但夷狄,盖天命之永不永,在民力之宽不宽耳。"(《止斋集》卷二十《吏部员外郎初对札子》)由外,他进而提出了如何"结民心""宽民力""救民穷"的一系列具体主张。叶适也一再强调:"国本者,民欤·重民力欤·厚民生欤·惜民财欤·本于民而后为国欤·昔之言国本者,盖若是矣。"(《水心别集》卷二《进卷·国本上》)他要求统治者能"修实政""行实德""建实功""求实利"。而陈亮的政治革新主张更是鲜明地表现出"安邦首在安民,富民方能强国"的思想。也正因为如此,浙东事功学者还对当时已日趋僵化的君主专制提出批评,强调封建帝王应以天下为公,为百姓谋福利。有的甚至发出了"天下非一人之天下,乃天下人之天下"(唐仲友《说斋文钞》卷七《汉论》)的呼吁。

浙东事功学派继承和发展了儒家传统的"夷夏观",以此作为其抗金思想的理论依据。抗金复土,中兴国家,这是浙东事功学者所追求的基本"事功",也是他们一生为之奋斗的主题。在回答何以必须抗金,又何以能取得抗金斗争胜利的问题时,陈亮、叶适等人的理论依据主要有两个:一是"君臣之仇"不可不报,抗金复土乃是为人臣子的基本职责和"义"之所在。"二陵之仇未报,故疆之半未复,此一大事者,天下之公愤,臣子之深责也。或知而不言,或言而不尽,皆非人臣之义"。(《水心别集》卷十五《上殿札子》）二是"夷夏之辨"不可不明。因为按儒家传统的"夷夏观"，有华夏必有夷狄，前者是"天命"之所在，"礼义"之所聚，"正气"之所存，"正统"之所续；后者则代表了"邪气""偏方"。故抗金斗争既是"夷夏"间的民族冲突，也是"正气"与"邪气"的尖锐对立。"中国，天地之正气也，天命之所钟也，人心之所会也，衣冠礼乐之所萃也，百代帝王之所以相承也，岂天地之外夷狄邪气之所可奸哉！"（《陈亮集》卷一《上孝宗皇帝第一书》）对金人苟和投降，就是"不思夷夏之分，不辨逆顺之理，不立仇耻之义"（《水心别集》卷十五《外稿·上殿札子》），其结果必然是"人道亡""皇极颓""礼义废""正气息"，最终亡国灭族。为此，浙东事功学者大声疾呼："今日存亡之势，在外而不在内；而今日提防之策，乃在内而不在外。"（《习学记言序目》卷四十三《唐书·列传》）强调"天命人心固非偏方所可久系"，只要举国上下同仇敌忾，齐心协力，代表"正气"的南宋王朝必能战胜代表"邪气"的金王朝，"中兴"大业必能最终实现。

4.4.2 "王霸义利之辨"

在义利问题上，南宋浙东事功学派认为义利是统一的。朱熹以"天理"为"义"，"人欲"为"利"，将"义"和"利"绝对对立起来，鼓吹要"存天理，灭人欲"。陈亮针对朱熹的重义轻利，颂王贬霸提出利欲并非坏事，义也重要，但义要通过实际的功利体现出来。陈亮说："利之所在，何往而不可哉！"①叶适也说："仁人正谊（义）

---

① 《中国哲学史教学资料选辑》，中华书局，1982，第244页。

不谋利,明道不计功,此语初看极好,细看全疏阔。古人以利与人,而不自居其功,故道义光明。后世儒者行仲舒之论,既无功利,则道义者乃无用之虚语尔。"[1]南宋浙东事功学派在义利观上有其鲜明的反传统倾向,是对传统儒家的义利观的深刻修正。

理学家朱熹认为"天理"即"义","人欲"即"利",鼓吹"存天理、灭人欲",也就是要重"义"轻"利"。陈亮的义利思想是在同朱熹的所谓"三代专以天理行,汉唐专以人欲行,其间有与天理暗合"的观点论战中体现出来的。陈亮认为,不管是"王"、还是"义",都必须与"霸""利"相结合。"王"与"义"只有具体落实到实践中,才有其存在的价值。他主张正"义"要谋其"利",明"道"也要计其"功","义"在"利"中,"道"在"功"中。陈亮明确提出效用目的论,他说:"正欲搅金银铜铁镕作一器,要以适用为主耳。""王霸并用、义利双行"是陈亮功利思想之核心,也正是其法律思想的理论基石。

关于"义"与"利",叶适明确提出"以利和义、义利双行"的功利思想,主张义、利相统一。他反对传统儒家强调义利之辨,将义与利予以严格区分,义、利对立,义与利不可同语。在叶适看来,"义"与"利"不可分,"义"不可以离开"利",应该"以利和义,不以义抑利",把两者统一起来。对于儒学内部自董仲舒以来的"正其谊不谋其利,明其道不计其功"的思想,叶适提出批判,他说:"'仁人正谊不谋利,明道不计功',此语初看极好,细看全疏阔。古人以利与人而不自居其功,故道义光明。后世儒者行仲舒之论,既

---

[1] 叶适:《习学记言序目》,中华书局,1977,第342页。

无功利,则道义者乃无用之虚语尔;然举者不能胜,行者不能至,而反以为诟于天下矣。"这段话可以看成是叶适以其功利主义的观点批判传统儒家义利观的最富代表性的一段话。董仲舒讲"仁人正其谊不谋其利,明其道不计其功",意思是只问事情应不应该做,而不问事情是否有利,效果如何,把道德的原理原则和物质利益对立起来。叶适认为,道德不能脱离功利而存在,必须达到一定的功效,实现一定的物质利益;且有道德的人谋利而以利与人,有功而不自居其功,这样才是真实的道德,道义与功利是相互结合,相互统一的。他还认为,古时圣人是不忌讳谋求功利的,"昔之圣人,未尝吝天下之利",其谋求的利乃是"以利与人"的"大功大利"而非一己私利,这种利不会与义相对立冲突,恰能与义相得益彰。他因此主张"崇义以养利,隆礼以致力",即既要谋利用利以使道义可行,不致成为"无用之虚语",又要用义来规范、推动功利。叶适认为"务实而不务虚"才能有"公心""定论",主张义理和功利统一,反对当时忽视功利专尚义理的空谈之风,批评其"虽有精微深博之论",也是毫无价值的空话,故提倡"以义和利","义利并行"的思想。按照叶适的观点,道义的价值必须表现在功利上,没有功利,道义就成了没有内容的空话,所以只有把道义与功利统一起来,才具有实际的、真实的存在价值。在叶适看来,所谓功利,就是"以利与人",即利他人、利社会、利天下,而非自居其功的一种实践行为。离开"以利与人"的实践行为,义便定居无所。功利是道义的载体,道义是通过功利体现出来的。正所谓"功到成处便是有德,事到济处便是有理"。"成其利"又"致其义"的义利双行、互不偏废之道,正是叶适功利思想的主旨。

南宋浙东事功学派在义利关系问题上坚决反对把仁义道德和实事功利对立起来，反对重义轻利或舍利求义。"利之所在，何往而不可哉!"但也讲"夫义者，立人之大节"①。陈亮反对将道德与事功割裂，力主将道德事功统一起来。陈亮对事功、功利的重视，主要强调应以事功作为衡量道德的标准，强调内在的道德修养必须转化为外在的功利，而并不能离开具体事而空谈义。陈亮认为王道与霸道、仁义与功利、天理与人欲是统一的，没有什么本质的区别。叶适把人道和天道相互区别，所谓"人自有人道，天自有天道"。而当这样的人道天道相分的唯物主义道德观进入到义利层面的时候，有力的支撑了"崇义以养利"的观点。叶适说:"人心，众人之心同也，所以就利远害，能成养生送死之事也。"叶适肯定了当时的人民"朝营暮逐，各竞其力，各私其求，虽危而终不惧"②对于这种一贯为道学家所不称道的"各私其求"叶适认为是"虽危而终不惧"，这一方面是叶适所在的浙东地区当时经济发展背景下人民真实生活的写照，另外一个方面，更重要的是，叶适认为这种逐利的行为不仅没有道德上的劣势，反而是正大光明，应该在义的层面上加以褒奖。正是因为人人都有这样一颗"就利远害"的心，所以对于人的正常的需求，正常逐利的行为"其途可通而不可塞，塞则沮天下之望;可广而不可狭，狭则来天下之争"，不仅仅不应该加以阻塞，反而应该"通"和"广"，这样的行为是本于人性的，也是人生存的必要要求。

南宋浙东事功学派强调"事功"，肯定"私利"的合理性。叶

---

① 《陈亮集》增订本，中华书局，1974，第154页。
② 叶适:《习学记言序目》，中华书局，1977，第52页。

适提出了"公利"与"私利"的区别。根据出发点的不同,利可以被分为"公利"和"私利"两种。如他说"昔之圣人,未尝吝啬天下之利"。(《水心别集》,卷三,《官法》下)又如"必尽知天下之害,而后能尽知天下之利"此天下之利即是一种公利。而如论及"私利",他说:"有己则有私,有私则有欲,而既行之于事矣,然后知仁义礼乐之胜己也,折而从之"。这种由私欲产生的利就是"私利"。(《水心别集》。卷十四)叶适将私利作为"知仁义礼乐"的出发点,在道德的层次也论证了追求私利的合理性。陈亮的"义利统一"亦把"利"定位为"公利"的基础之上才能实现。南宋浙东事功学派的功利主义其实是整体社会功利主义,他们所言的"功利",也都是指当时抗金、强国的社会功利,不是指人与人关系的他利,更不是指个人私利,这种功利主义与利己功利主义有区别。他们高举功利主义的旗帜,认为道德和功利是统一的,道德和功利相互渗透。那种超世俗生活的纯粹的"道"学或"心"学的道德是不存在的。关于道德和功利的关系,爱尔维修说:"如果爱美德没有利益可得,那就绝没有美德。"①

4.4.3 "人道"与"人欲"

"存天理、灭人欲",这是以朱熹为代表的理学家所倡导的一种统治思想。朱熹将"理"与"欲"相对立,认为在人欲上多加一分,那么在天理上就少一分。而陈亮、叶适则一反传统儒家的义利观,肯定人欲的正当性与合理性。陈亮否定"天理"与"人欲"

---

① 《十八世纪法国哲学》,三联书店,1957,第475页。

的截然对立。他肯定人欲,承认人追求物质利益的欲望乃是人的一种天性,而根本就不存在所谓的脱离人的实际物质利益的超功利的"义理",义就在利中。陈亮认为人欲具有正当性与合理性。他说:"耳之于声也,目之于色也,鼻之于臭也,口之于味也,四肢之于安佚也,性也,有命焉。出于性,则人之所同欲也;委于命,则必有制之者而不可违也。富贵尊荣,则耳目口鼻之与肢体皆得其欲;危亡困辱则反是。"在陈亮看来,人的物质欲望乃是人的天性,这种天性是正当的。而在这种正当的天性之中,有一种天命,它是一种不以人的意志为转移的客观准则。不管是正当的天性,还是客观的天命,都是以人的欲望为基础,离开了人的物质欲望,则无所谓天性和天命,而也只有满足人的正当的欲望,才能顺应人的天性。在陈亮这里,他肯定了人的欲望具有合理性,我们应该顺应人欲,而不应该悖逆人欲。为此,陈亮以其"适用为主"的效用目的论为基础,从对肯定追求物质利益乃人的合理欲望的观点出发。他提出,面对现实的社会状况,当朝执政者应当倡导的不是"灭人欲",而恰恰应该利用人的这种特性,合理对待人欲,将"人欲"作为"鼓动天下"以成就事功的工具。在陈亮看来,喜、怒、哀、乐、爱、恶,固然是"人欲",但其价值却并不必然地与恶相联系,反而是与"道"相联系的:"夫道岂有他物哉? 喜怒哀乐恶得其正而已。""得其正"即是以社会的道德原则来规范人们的行为。固喜、怒、哀、乐、爱、恶,六情之正即是道;如果执政者在利用人欲的同时能够将其导入至合理的方向,使天下人民皆能得其六情之所欲而又不失其正,则国家平治,人民安康,道义光明,所以说"夫道岂有它物哉? 喜、怒、哀、乐、爱、恶得其正而已。行道岂有他事哉？审喜、怒、哀、乐、爱、恶之端而已。不敢以一息而不用吾力，不尽吾心，则强勉之实也。贤者在位，能者在职，而无一民之不安，无一物之不养，则大有功之验也"。因此，所谓行道，其实质原不在于内心的体察涵养，而更在于尽心尽力，使天下人民的六情皆能得其正而已。

叶适也肯定人欲的自然性，认为人"有欲于物者，势也"。叶适认同人欲的合理性，反对"尊性而贱欲"，批评理学家们"以天理人欲为圣狂之分者，其择义未精也"，认为"圣人知天下之所欲，而顺道节文之使至于治"。同时，他还指出："教人抑情以徇伪，礼不能中，乐不能和，则性枉而身病矣。"由此可见，叶适是肯定人欲，主张"理"与"欲"相统一的。

南宋浙东事功学派主张"人道"不能离开"人欲"，人道的本质是在于人们对基本物质生活欲望的满足。这种满足不仅是人生活的基本条件，也是人的道德基础，这样的道德才是符合"人道"的道德。这种自然主义人性论和伦理观，肯定了人欲的合理性，破除对人的欲望的否定性。南宋浙东事功学派进一步指出了"理"与"欲"的统一性。在中国传统的观念中，"欲"似乎具有恶、私的性质，尤其是程朱理学强调"存天理、灭人欲"，把人的基本生活欲求也当作了罪恶。陈亮指出："人欲"无非是指人的物质与精神要求，"衣则成人，水则成田"。[1] "衣、食、住、行都是出于人的天性"，是不可缺少的。陈亮提倡"理欲统一"。叶适也肯定人性和欲具有统一性，他说："有欲于物者，性也"。[2] 人体和外物一样

[1] 《陈亮集》增订本，中华书局，1974，第44页。
[2] 叶适:《习学记言》序目，中华书局，1977，第211页。

都是自然之物。人的欲也是和自然之物一样,是发自人本性的。

可以看得出,"南宋浙东事功学派"对人欲的普遍尊重,并希望达到一个欲的普遍实现,依顺大多数人的欲望,以道德治天下。依据马克思主义的唯物史观:道德是经济关系的产物,经济关系决定道德的性质、主要内容及其发展变化。利益是经济关系的集中表现,每一个社会的经济关系首先是作为利益表现出来,因此社会经济关系决定道德实质就是社会的利益关系决定道德。事实上,人们总是从社会的利益关系中吸取自己的道德观念,总是把那些对自己有利的事物或现象称之为道德的,而把那些无利于自己的事物或现象称之为不道德的。如何实现"同欲",而达到对过分欲求的抑制? 陈亮认为首先要满足人们最普遍的基本欲求,然后再用道德加以引导,用道德准则予以限制人的物质欲望及其情感,理的价值就要体现在对欲的规范上。"喜怒哀乐恶得其正而已"。① "得其正"即是以社会的道德原则来规范人们的行为。南宋浙东事功学派肯定适度的"私",也就是在尺度之内的一般人性之欲,而排斥一己之私欲。

南宋浙东事功学派把"人欲"的"私"与"公"统一起来,把公和义、私和利联系起来,提倡所谓"公私合一"。在考察理欲关系的过程中我们发现,不管是崇尚道德理想的思想家还是追求功利的思想家,如果说尚义轻利、崇理节欲以及对于利、欲相对宽容的心态,是他们共同的信念的话,那么对于利、欲膨胀到"私"的程度都是他们无法容忍而必须摒弃的。② 南宋浙东事功学派不仅肯定

---

① 《陈亮集》增订本,中华书局,1974,第97页。
② 郑晓江:《当代中国与道德传统》,安徽教育出版社,1998,第348页。

中国传统人生价值观导论

了适度的"私",他的"公私合一"的观点更试图将两者的对立消除,并通过法来调节两者之间的矛盾。南宋浙东事功学派认为在谋求天下之公利的过程中,个人建功立业获得利益,满足人心之私是正当的,即他所谓的"天运之公,人心之私,苟有相值,公私合一"。①陈亮主张"人道立而天下顺遂了人们的天命",从而实现了最大的天理。显然,在这里"南宋浙东事功学派"把人的各种基本的物质欲求等同于人性,既然"欲"是人的自然本性,那么这种基本欲求是合理的。陈亮认为合理的、有节制的欲望不损害道德,有欲才有道德,没有欲,道德之理便没有价值。"人心所无,虽孟子亦不能以顺而诱之也。"②一方面肯定人欲符合人的自然本性,有节制的欲望并不伤害道德,从道德意义上肯定人对欲、乐、幸福的追求,另一方面陈亮认为物欲是不应该无限发展的,放纵享受,无度地追求欲,人就会失去其作为人的本性,更谈不上道德了。所以以道德的精神的需要限定它,主张"适欲",不应该一味地追求更多的物欲满足。欲望如果过于放纵,影响自己与他人同欲,将产生出不道德的行为。从墨子到陈亮、叶适他们的学说基本上都一脉相承,具有鲜明的利他色彩。这一点与西方功利主义是截然不同的。西方功利主义则是一种个人的功利主义,其出发点和归宿也是个人利益,其实质是个人利己主义。陈亮所强调的"天下之利"首要的是国家利益,社会的利益,具有社会功利主义的特点。这一点叶适、颜元与陈亮相同,同样强调了社会的功利效用,是一种效用利益观。颜元认为最大的功利是"富天下""强

① 《陈亮集》增订本,中华书局,1974,第397页。
② 《陈亮集》增订本,中华书局,1974,第99页。

· 252 ·

天下""安天下",而这"自是行道所必用"的目的。

　　总之,"南宋浙东事功学派"倡导欲本于人的天性,欲是道德的出发点。欲和人类社会的实践发展紧密联系,道(德)是满足欲的过程中(即在实践的过程中)所形成的调整各种经济关系的观念抽象总和。并没有先验决定性,相反其具有强烈的唯物实践性质。

4.5　近代求乐免苦人生价值观

　　鸦片战争后如何救亡图存无疑是洋务派、维新派、革命派等人士文化思考的共同起点,对"西学"的汲取都有价值取向所需。但超越国界地域,从世界文化的高度来看待中西学,文化的坐标扩大到世界的时空中,这种"世界主义"倾向是"五四"新文化运动前夜的思想家在中国文化古今中外的碰撞中具有的时代特征。梁启超曾在其《五十年中国进化概论》中,将中国近代思想进化分为器物、制度和文化上感觉不足等三个阶段,与此相应的历史事件分别是洋务运动、戊戌维新运动和"五四"新文化运动。这种文化具体内容的分类颇能代表时人的看法,对现代学者的影响甚大。从文化比较的视域看,"感觉不足"的层面依次深入、递进,正是文化比较中"中学"在"西学"面前步步退却的写照,到了文化和观念层面的"感觉不足"几乎涵括了传统文化的全部,"西学"在"中学"中取得了绝对的优势地位,俨然取得了作为文化之"体"的历史合理性。在线性进化思维模式支配下,"五四"新文化运动时期的文化论战将东西文化置于"传统——现代"两端,人生价值取向亦呈现出"西化"的倾向。

4.5.1　求乐免苦人生价值观的理论渊源

求乐免苦的人性论是中国近代多数资产阶级思想家人生观的理论基础。这种人性论既是继承和发挥了中国古代"生之谓性""食色,性也"的古代人性理论,更是吸取了西方资产阶级"快乐论""幸福论""功利主义"的思想。严复译《天演论》,宣扬求乐免苦乃是"人性的自然""人生之第一天职",并提出"人道以苦乐为究竟"(严复:《天演论》导言十八按语)的著名观点。此后,康有为、梁启超、谭嗣同等人对此都做了系统的阐发。这种人性论肯定了人的自然感性欲望,肯定了人追求物质利益的道德意义。但近代思想家并没有把满足感性的欲望需求看作是人生价值的唯一维度,他们又从古代传统思想"群"的观念中得出,人在求乐免苦的过程中采取正确、合理的方式,要求人们"自利利他""开明自营""利己而不偏私",提倡一种"知有爱他的利己"。这反映了他们试图处理好个人利益与社会群体利益的关系,将自我价值的实现同社会发展联系的深入思索。

戊戌维新时期的一些思想家已经开始接受求乐免苦思想。严复是最早介绍、宣传求乐免苦思想的新学家。他的"背苦趋乐"说深受英国生物学家赫胥黎思想的影响。赫胥黎认为:"人们的天资虽然差别很大,但有一点是一致的,那就是他们都有贪图享乐和逃避生活上的痛苦的天赋欲望。"[1]当然,面对救亡图存的历史重任,严复介绍西学的目的是"制夷"。他所看中的正是人性中

---

[1]　赫胥黎:《进化论与伦理学》,科学出版社,1973,第18、19页。

的贪图享乐所带来的动力，"这种天赋的'自行其是'倾向的力量是在生存斗争中取得胜利的条件"①。于是，严复系统地发挥了这一思想，提出了"背苦趋乐"说。严复认为，人生的目的就是为了获得现实生活的快乐。他说："人道所为，皆背苦趋乐，必有所乐始名为善，彰彰明矣"，又说："且吾不知可乐之外，所谓美者果何状也"。（严复：《天演论》导言十八《新反》按语）同样，严复也把"背苦趋乐"看成是人的本能，并把苦乐当作区分善恶的标准。严复说："人道所为，皆背苦而趋乐，必有所乐。始名为善，彰彰明矣，故曰善恶以苦乐之广狭分也。"（严复：《天演论》导言十八《新反》按语）

　　如同欧洲的启蒙学者大多从确立人的趋吉避凶、趋乐避苦的本性特点来肯定和提倡人的解放。康有为强调"以人为主"（康有为：《南海康先生口说》），积极提倡"依人以为道"的自然人性论。他说："人道者，依人为道。依人之道，苦乐而已。为人谋者，去苦求乐而已。无他道矣。"（康有为：《大同书》甲部）在这里，康有为把人性的爱恶具体化为"求乐免苦"，认为人道主义的最高原则和重要内涵应该是"去苦求乐"。以"去苦求乐"为人道之至，这是康有为人生价值观的基本观念。求乐免苦是人类的共同天性，人的一切行为都是受求乐免苦的动机支配的，"普天之下，有生之徒，皆以求乐免苦而已"。（康有为：《大同书》甲部绪言）康有为肯定了人类"去苦求乐"的正当性和合理性，对宋明理学的"存天理、灭人欲"发起了抨击和批评，"夫天生人必有情欲，圣人只有顺

---

① 赫胥黎：《进化论与伦理学》，科学出版社1973，第18、19页。

之,而不绝之。"(康有为:《礼运注》)康有为公开宣布人的感性欲望、感性反应、感性存在的天然合理性,倡导求乐免苦的人生价值观。就像利是义的基础一样,现在"人欲"成了"天理"的前提。

康有为的价值理路以"求乐免苦"的人本质论为开端,这充分表现出独具匠心的历史智慧。文化人类学告诉我们:文化是一个民族生活方式所依据的"共同观念体系",它作为隐伏在人们行为背后的合理性依据,支配和左右着人们的行为习惯,决定着一个文化系统内人们的心理结构、思维方式和生活状态。而文化的根本在于人对自身在宇宙和社会所处地位的自我设定,这种自我定位集中展示在人本质的规划上。因此,一个相对完整的人本质规划,对康有为所追求的由古典文明向现代文明的转型事业来说,就更是举足轻重了。

依据康有为的视角,人的根本性质就是"求乐免苦":人作为有知觉的动物,对外界刺激必然会发生适宜与不适宜的感觉,"适且宜者神魂为之乐""不适不宜者神魂为之苦""适宜者受之,不宜者拒之。"由此决定了"普天之",有生之徒,皆以求乐免苦而已,无他道矣。"虽人性有不同乎,而可断断言之口:人道无求苦去乐者也。"这就是说,虽然人的性情殊态万千,但都具有"求乐免苦"的共同本性,人们的一切行为都是受它支配的。正因为这样,"人人独立,人人平等,人人自主,人人互不侵犯,人人交相亲爱,此为人类之公理"。

康有为的人本质论指出:人的本质并非传统而言的"德行",这只需从历史的原动力乃立足于"求乐免苦"根基上的"财"的进步实情中就可得到证明。"当生民之初。以饥为苦,则求草木之

实、鸟兽之肉之果腹焉。""以风雨雾露之犯肌体之苦,则披草树,织麻葛,以蔽体焉。""以虫蛇猛兽之苦,则巢土以避之。"后来,人们为了进一步求乐免苦,又通过劳动而不断追求新的物质享受,以至"食则为之烹、炮炙、调和则益乐,服则为之衣丝、加采、五色、六章、衣裳、冠冕则益乐,居则为之堂室、楼阁、园圃、亭沼、雕墙、画栋杂以花鸟则益乐"。由此可见,人类"日益思为求乐免苦之计,是为进化"。在这个意义上,道德只有服务于"求乐免苦"的人性需求才能称之为善。"立法创教,令人有乐而无苦,善之善者也;能令人乐多苦少,善而未尽善也;令人苦多乐少,不善者也。"据此,康有为指出:人的平等在根底上不是所谓"道德平等",而是人人能进行自由创造活动而追求自身幸福的权利平等:"人人有天授之体,即人人有天授自由之权。故凡为人者,学问可以自学,语言可以自发,游观可以自如,宴飨可以自乐,出入可以自行,交合可以自主,此人人公有之权利也。禁人者,谓之夺人权,背大理也。"这就用类似卢梭的"天赋人权"的方法论证了人性秉有现代性价值的合理性。

在康有为时代,中国处于"普天之下,莫非王土,率土之滨,莫非王臣"的古代式专制格局中,经济基础结构简单并薄弱,而且普通人的所有权不受法律保护,因此,经济只是社会整体组织中的一个相对次要的有限因素,根本无法起到推动历史发展的主动轮作用。而政治处于决定性的强控地位,对整个社会起着支配性的主导作用。在这种境遇下,不首先解决政治体制问题,将帝王的私有权力转换为人民的公共权力,就不能为现代经济因素营造出成长壮大的环境。据此,康有为将实现现代化的关键定位于政治层面。

在康有为的眼底,"仁"是一个随着社会"三世"演进而不断进化的过程:据乱世(古典社会)"仁"不能远,但故亲亲;升平世(现代社会)"仁"及同类,故能仁民;太平世(后现代社会)"仁"必然发展至终极胜境"至仁"的"大同"世界。在"大同"世界里,"大同之道,至平也,至公也,至仁也,治之至也。虽有善道,无以加此矣。"具体言之,在"大同"社会中,政治上,国家、军队、监狱都不存在了,全地球合成一个"公政府",各地"由人民公举自治"而统一于"公政府";经济上,"凡农工商之业,必归之公","不许有独人之私业",人人劳动,生产力高度发达,能充分满足人们的物质与精神需要;社会上造成人类之苦的"九界"国界、级界(阶级)、种界(种族)、形界(男女)、家界、产界、乱界、类界、苦界都消灭了,因而人类不会再遭受阶级剥削、民族压迫、性别歧视等所有的痛苦。总之,"大同"社会是人类"求乐免苦"人性的完满完成,是宇宙"仁爱"本质的真正达成。而当人类在大同世界中实现了"万物一体,天下一家,太平之世,远近大小若一"时,也就实现了彻底的自由。

究其求乐免苦人生价值观的理论根源就是西方的功利主义。康有为在他的《大同书》中,充分地展现了功利主义的思想,"人道求美,人道求乐。宫室舟车、衣服文字、历数伎乐、什器礼治,皆以乐民"。(康有为:《大同书》甲部)他把人生目的归结为寻求"美"与"乐",把一切生活设施、社会制度统统还原为人们追求幸福和利益的手段,这是对人生的重新规范。康有为毫无顾忌地提出了人对感性快乐的追求,其理论根源正是功利主义。梁启超也认为

人类生而具有的求乐求利欲望是无法窒息的，只能"因而利导之，发明乐利之真相，使人毋狃小乐而陷大苦，毋见小利而致大害，则其托世运之进化，岂浅期也"①。因此，他把"最大多数之最大幸福"作为道德的终极目的和衡量标准。这明显是采纳了边沁《政府片论》的观点："只有最大多数人的最大幸福才是'正当'和'错误'的唯一尺度。"②而且梁启超还把利己看成是社会进化和发展的原动力。他清醒地意识到"苟不爱他则我之利益遂不可得"③，只顾"小己之利"的短视行为应受到鄙视和唾弃。梁启超认为只有大多数人幸福的实现才是较高的文明社会，并伴随全人类幸福的实现达到整个社会的高度文明。他说："得幸福者之多数少数，即文明差率之正比例也。故纵览数千年之世运，其幸福之范围，恒愈竟而愈广，自最少数而进于次少数，自次少数而进于次多数，自次多数而进于大多数，进于最大多数"④。

4.5.2 求乐免苦人生价值观的理论特征

随着西方观念的深入，"五四"时期的求乐免苦人生价值观在理论上有了进一步的发展与完善，并为更多的人所接受。

其一，将求乐免苦看作人类共同的天性，将追求幸福看作人生的目的，批判禁欲主义。李亦民说："去苦而就乐，亦乃人性之

---

① 梁启超：《饮冰室合集文集之十三》，《乐利主义泰斗边沁之学说》，中华书局，1989，第30页。
② 边沁：《政府片论》，商务印书馆，1995，第3页。
③ 梁启超：《饮冰室合集文集之十三》，《乐利主义泰斗边沁之学说》，中华书局，1989，第3页。
④ 梁启超：《饮冰室合集文集之十三》，《乐利主义泰斗边沁之学说》，中华书局，1989，第245页。

自然天赋之权利。""人类之目的,幸福而已,快乐而已;人类之仇敌,痛苦而已。"他认为,"人生行动,恒听命于感情。"人类的一切行为都受求乐免苦动机的支配,无一例外。"何者为幸福、为快乐,当就之。何者为痛苦,当避之。何者足以致我痛苦,当除之……各向所谓幸福快乐之途而奔驰。"①陈独秀说:"人之生也,求幸福而避痛苦乃当然之天则。"②李大钊说:"避苦求乐是人性的自然……求乐的人生才是自然的人生观、真实的人生观。"③高一涵更是把求乐免苦当成了天职,他说:"人生第一天职即在避苦趋乐之方。"④他们无一例外地把求乐免苦当成了人类的本能天性。即使是虔诚的宗教徒、苦行僧,也是"以暂时之苦,易永久快乐之方;以一身之苦,辟众生趋乐之径。苦者暂而乐者常,苦者一而乐者万,苦者其方便,乐者其归宿也"⑤。他们所追求的也是乐,只不过这种乐乃是永久之乐、众生之乐罢了。可见,求乐免苦乃是人类共同的自然天性。他们对古代的禁欲主义予以尖锐批判和坚决否定。批判古代禁欲是"其生存可谓饱无意趣矣。"⑥李亦民认为,"自我欲求所以资其生也,设无欲求则一切活动立时灭绝,岂复有生存之必要?"如果"以人力禁制"各种欲望,最终只能使"诈伪之习日益加剧"。⑦ 陈圣任也认为:"人类所以异于草木禽兽者,为其有欲望","欲望者,人生活动之由始,生存意味之由萌也",因此,

① 李亦民:《人生唯一之目的》,《青年》1卷2号,1915年第10期。
② 陈独秀:《新青年》,《新青年》第2卷第1号,1916年第9期。
③ 李大钊:《现代青年活动的方向》,《晨报副刊》1919年第9期。
④ 高一涵:《乐利主义与人生》,《新青年》第2卷,第1号,1916年第9期。
⑤ 高一涵:《乐利主义与人生》,《新青年》第2卷,第1号,1916年第9期。
⑥ 李亦民:《人生唯一之目的》,《青年》第1卷,第2号,1915年第10期。
⑦ 李亦民:《人生唯一之目的》,《青年》第1卷,第2号,1915年第10期。

古代的禁欲主义实在是"大谬不然",违背人类天性。[①]"'五四'时期之所以宣传求乐免苦说,批判禁欲主义,目的是要'使人能享受自由真实的幸福生活'(周作人),鼓励人们'努力造成幸福,享受幸福'(陈独秀)"。[②]

其二,合理地阐释了苦乐之间的辩证关系,全面说明了求乐免苦人生价值观的要旨。"五四"时期道德革命倡导、拥护者承接戊戌时期的求乐免苦学说,对苦乐关系有了更深入合理的阐释。他们认识到了目前快乐与将来快乐、感性快乐与理性快乐、个人快乐与群体快乐的辩证关系,自觉避免仅视幸福为目前快乐的满足、感性快乐的满足、个人快乐的满足的局限,力图对求乐免苦人生价值观做出更全面、更合乎理性的说明。表现为以下几点:第一,人生价值不是一时之欢,需要通过勤勉创造才能实现。李亦民认为,"真能快乐者,当使前途之望发生愉快,而现实之享乐次之",而"今朝有酒今朝醉,只顾目前娱乐,不计来日痛苦,非吾人所谓快乐也"。人们应具远大的眼光,高尚的理想,去追求将来长远的快乐。"故牺牲目前之快乐,以希冀将来,为青年唯一之篇言。"为"图永久幸福",人们往往应"抛弃一时之快乐"。[③] 陈独秀也号召青年做"新青年",以自力创造幸福,"不以现在暂时之幸福,易将来永久之痛苦"。[④] 他们主张创造人生价值应当"勤勉"。"勤勉即绳图利己而又利人之动作。勤勉云者,乃厘然中规之动

---

① 陈圣任:《青年与欲望》,《新青年》第2卷,第1号,1916年第9期。
② 张锡勤:《中国近代文化思想史稿下册》,黑龙江教育出版社,2004,第824页。
③ 李亦民:《人生唯一之目的》,《青年》第1卷,第2号,1915年第10期。
④ 陈独秀:《新青年》,《新青年》第2卷,第1号,1916年第9期。

作,而可以增益人群褆福之谓也。"①可见,"五四"的思想家强调一切人生价值和幸福来自于勤勉创造。第二,幸福是人特有的理性快乐,人生的价值更高层次的是智性。李亦民认为,"感性快乐,人类与群动所同",而"智性快乐,则人类所独有也"。因此,"智性"更能反映人的本质和人独有的需求,故更为重要。感性快乐乃是初级的快乐,智性快乐才是"超出生理快感之上"的高级快乐,才能体现人生的价值。一旦人们自觉意识到这一点,就会"制肉体过分之享乐"。只要是出于自动的"自由意志",哪怕是"为同胞而战死沙场",也是"为快乐而牺牲,肉体方面,虽不无苦楚,精神上尽有无限愉快"②。李大钊发出呼吁,"本其理性,加以努力,进前而勿顾后,背黑暗而向光明,为世界进文明,为人类造幸福"③。第三,人生价值和幸福的实现是个人与群体快乐的双向满足。李亦民认为,"追求个人自身之快乐,不可不兼顾社会公众之快乐"。之所以如此,是因为"社会为一有机体,个人为其组成之细胞,细胞欲自求健全,不可不图有机体自身之健全。故个人欲增进生活,寻觅快乐,不可不增进社会全体之活动"。"个人求自己之满足,同时不可不求社会全体之满足。"④高一涵说:"则吾辈青年,即应以谋社会之公益者,谋一己之私益;亦即以谋一己之私益者,谋社会之公益,二者循环,莫之或脱。损社会以利一己者固非,损一己以利社会者亦谬。必二者交益交利、互相维持、各得其

①　马克威,斯士,佚名译:《青年论》,《青年》第1卷,第1号,1915年第9期。
②　李亦民:《人生唯一之目的》,《青年》第1卷,第1号,1915年第10期。
③　李大钊:《青春》,《新青年》第2卷,第1号,1916年第9。
④　李亦民:《人生唯一之目的》,《青年》第1卷,第1号,1915年第10期。

域、各衡其平者,乃为得之。"①陈独秀也积极主张,"不以个人幸福
损害国家社会""斩尽涤绝做官发财思想",而"内图个性之发展,
外图贡献于其群"。②

4.5.3 求乐免苦人生价值观的理论作用与不足

张锡勤老师对"五四"时期的求乐免苦人生价值观评价道:
"由于'五四'的思想家进一步认识到人是灵肉的双重存在,是两
者的矛盾复合体,并对人的社会性有更深刻的体认,同时对西方
的快乐主义有了更为全面的了解,他们对苦乐的认识更加全面。
这种富有理性主义精神、全面的快乐主义,对于使正在高涨中的
道德革命向正确的方向发展,使所提倡的新道德更加积极、健全,
更符合时代精神,起了重要作用。"③

当然,"五四"时期的求乐免苦人生价值观也存在着不足。他
们强调求乐免苦的人生价值观就必然成为利己主义的拥护者,他
们在反对纯粹、极端利己主义的同时也公开反对"牺牲主义与慈
惠主义"④,主张自利利他、健全的个人主义等,因而终究只是一种
"合理利己"主义,还没有真正走向马克思主义的人生价值观。

4.6 功利主义人生价值观的当代价值

现代社会物质财富增长却让很多人倍感彷徨,人生无意义现
象凸显。财富不再是人生实现价值的手段与物质保障,而是成为

① 高一涵:《共和国家与青年之自觉》,《青年》第1卷,第1号,1915年第9期。
② 陈独秀:《新青年》,《新青年》第2卷,第1号,1916年第9期。
③ 张锡勤:《中国近代文化思想史稿下册》,黑龙江教育出版社,2004,第826期。
④ 高一涵:《共和国家与青年之自觉》,《青年》第1卷,第1号,1915年第9期。

异化的枷锁。一些人甚至陷入了拜金主义的泥潭之中,不能自拔。但财富能买到房子,买不到温馨的家;能买到美色,买不到真诚的爱情;能买到虚荣,买不到尊贵;能买到一时之欢,买不到永恒的幸福。中国传统人生价值观的功利主义思想内涵非常多元,我们可以从中得出很多启示。

4.6.1 功利主义人生价值观的政治文明价值

市场经济必然导致功利主义。市场经济强调以市场为调节机制,市场对资源配置起基础性和主导性作用,运用价格杠杆和价值规律调控经济活动,以实现效益最优化。这就必然导致追求物质利益、注重实际功效的功利主义,同时,在市场经济中,资源被配置到效益较好的环节当中去,就会产生优胜劣汰的竞争结局,这和功利主义所强调的竞争是一致的。另一方面,功利主义重视实际功效,以利益为衡量标准,也会促进社会主义市场经济的发展和完善。实行市场经济,必然导致对功利主义的崇尚。

墨家以共乐利他为人生价值目标,"兼爱""尚同"为人生价值实现途径。墨子的"兼爱"实际就是主张实现天下公平、正义。剔除时代和阶级的局限性,"兼爱"思想与当代社会的政治伦理要求有着一致性,对政治文明建设具有借鉴意义。公平正义是人类社会的基本价值目标。党的十八大报告提出:"必须坚持维护社会公平正义。"公平正义是衡量一个国家或社会文明发展的标准,是人类文明的标志之一,也是我国构建和谐社会的重要特征之一。因此,构建社会主义和谐社会既是墨子"兼爱"思想理念的真正继承和发扬,也是当今社会所需要的伦理道德要求和人民群众

普遍追求的政治文明的境界。另外,墨子"尚同"思想,既提倡"尚同一义",又包含有平等、民主思想,这与社会主义和谐社会所倡导的政治文明建设理论相契合。

先秦的法家也认为人生的价值在于建功立业。以韩非为代表的法家认为理想的社会必须依靠法治才能实现。韩非的"法不阿贵"(《韩非子·有度》),等同于现代意义上"法律面前,人人平等"的公正思想。法治不承认除君主外其他贵族的特权"法令行而私道废"(《韩非子·诡使》),并通过"信赏必罚"(《韩非子·外储说右上》)的执法要求,实现真正的公平政治统治。法家人生价值观实现路径的某些具体主张,不但"当时对于摧毁奴隶制旧制度,建立封建新制度,客观上曾起了进步作用",而且对当前提倡的依法治国的政治文明也有深刻的借鉴意义。

近代,严复、康有为等新学家吸收西方的"功利主义""进化论"等学说,提出了求乐免苦的人生价值观。求乐免苦人生价值观充分肯定了人追求物质幸福的意义,强调求乐免苦是人性的正常需求,而且也是推动社会历史发展的动力。故此,维新派思想家开始批判封建的旧道德,提倡人人自由、平等的新道德,体现在政治上是效仿西方的君主立宪制度、代议制,而革命派思想家则主张通过实现民主共和制来完成资产阶级的革命。其中以康有为的"大同说"和孙中山的"三民主义"最具当代政治文明色彩。康氏在《大同书》中描述了一个具有较高物质文明和精神文明的社会。它主张废除私有制,建立财产公有制,男女平等,婚姻自主,废除国家,走向"去国界合大地"(《大同书·乙部》)的盛世。康有为的大同理想尽管是一种乌托邦社会学说,但也对当代社会主义的政治文明具有一定的理论启发作用。

功利主义价值观主张追求物质利益、注重实际功效,具有进取与竞争特点,显然它有利于人们解放思想、克服假大空的东西,有利于人们形成务实而不务虚的品质。而人们思想的解放,就会使物质利益和实际功效成为人们所注重和追求的东西,这无疑有利于社会主义物质文明的建设。因此,我们说,功利主义在中国改革开放的今天,有不可低估的现实意义。

4.6.2　功利主义人生价值观的精神文明价值

我国的社会主义建设强调"两手抓,两手都要硬"。功利主义人生价值观共同的特征就是注重物质利益的实现和获得,但我国传统功利主义人生价值观中并不缺乏具有利他情怀的精神文明亮点,而极端的人生价值观则为社会主义精神文明的建设提供了引以为戒的借鉴。

先秦时期的墨家重视功利。墨家以"兴天下利"的共利为价值目标,提出了利他主义人生价值观。在墨子看来个人价值的实现需要"兼爱"利他的途径达到利天下再利己,即由社会维度再到个体。墨子坚信,只要普天之下人们都遵循"兼爱",就必然会害除利兴、国泰民安、天下和平,达到完美的人生境界。墨家提倡舍己为人的自我牺牲精神,认为个人利益与天下利益发生冲突时,应舍弃个人利益乃至"杀己以利天下"(《墨子·大取》),这在一定程度与社会主义精神文明的本质相契合。

早期启蒙思想家积极主张物质需求和感性需求对于人类的重要性。到了近代,伴随东学西渐,一些思想先驱开始接受西方

的功利主义思想提出了求乐免苦的人生价值观。康有为认为"求乐免苦"乃是人类共同的天性,"普天之下,有生之徒,皆以求乐免苦而已,无他道矣"。(《大同书》甲部)五四时期的求乐免苦的功利思想,被更多的人所接受,得到了更为全面深入的论证,并提出了更具有价值的"意志满足"说。李亦民认为快乐是"以吾人之自由意志为根本"①,但他同时也明确指出了幸福的感受依人而不同。这其实也是现代精神文明建设中所必须注意的一个矛盾,即个人差异化的价值引导问题。当前我国社会主义精神文明建设中就十分重视核心价值观的教育,并提出社会主义核心价值观,引导人民形成正确的人生价值观。但由于我国正处于社会转型时期,不可避免地产生了一些消极现象。"社会的世俗化进程使得许多东西变得与人亲近了,阳春白雪的东西少了,可是它也导致了许多庄严、崇高和肃穆的生活元素失去了,而且它不断地生产着和激发着人的物质欲望或对物质利益的占有欲。"②如果没有正确的人生价值观为引导,面对名利和美色的诱惑就会失去内心平衡,就变得难以自持,结果必然误入歧途。

　　传统功利主义论人生价值观中无论是以利他主义,还是以利己主义,只要我们采取恰当的理论方法与视角,都可以获得有利于我国社会主义精神文明建设的理论价值。奥塔·锡克就指出:"其中有些人出于对利己主义的义愤而从利他主义的道德教育中寻找出路;而另一些人强调利己的个人主义的创造性的进取精神;还有一些人则希望从两者各取一小部分,强调个人主义的创

---

①　李亦民:《人生唯一之目的》,《青年》第 1 卷,第 2 号,1915 年第 10 期。
②　李培超:《我们需要什么样的幸福观》,《中国教育报》2006 年 2 月 7 日。

业精神的必要性,不过要在道德的基础上和在道德的范围内。"①

功利主义冲击了一些传统道德,尤其是冲击了其中的消极因素,这有利于人们确立新的价值观念。对于冲击,我们应采取积极正确的态度。一方面,充分利用有益的成果,另一方面,又要及时防止和纠正冲击中出现的偏差,以促进社会主义市场经济下的道德建设。

唯功利主义是在价值目标上只注重对功利的追求,而排斥对其他价值(如道德审美等精神文化价值)的追求,把功利看作衡量一切价值的标准。拜金主义即是唯功利主义的一种典型形式。唯功利主义作为功利主义的极端化,有碍于社会的发展和人类的进步。为了推动社会主义道德建设的健康发展,我们必须避免或克服唯功利主义价值取向,当然,有了功利主义,也未必就一定产生唯功利主义。但是功利主义却为唯功利主义带来了可能性,这就为我们提出了避免或克服唯功利主义的任务。我们只有在坚持功利主义的同时,也努力避免唯功利主义,才能有利于社会主义市场经济条件下的道德建设。

4.7　本章小结

本章对中国传统功利主义人生价值观进行了梳理和厘清。墨家把"兴天下之利,除天下之害"作为人生追求的最高价值目标,并提出了兼爱、非攻等途径来实现这一目标,从而构建了一个逻辑体系完整的利他人生价值观。先秦法家基于人的好利恶害

---

① 奥塔·锡克:《经济—政治—利益》,商务印书馆.1985,第284页。

的本性,将自我利益的最大化和自我功利的实现作为人生目标。但实现的途径不是个人利益的自由选择,而是要通过为国家的建功立业来实现。《列子·杨朱篇》以极端纵欲的感性享乐为人生的最终目的,其人生价值观已然倒向了极端的利己主义。南宋浙东事功学派通过对"道"进行的新解确立了功利主义人生价值观的理论根基,又通过"王霸义利之辩"论证了"人欲"合理性和正当性。其功利主义人生价值观既彰显"人欲"又强调"天下之利",具有利他主义色彩。中国近代借鉴西方功利主义,新文化运动的先驱开始提倡具有合理利己主义色彩的求乐免苦人生价值观。通过科学的方法我们可以从中国传统的功利主义人生价值观中萃取出很多具有现实意义的启示与价值。

结　　论

该书通过对道义论人生价值观、功力主义人生价值观、自然主义人生价值观等主流学派人生价值观的梳理与厘清,勾勒出了中国传统人生价值观的理论嬗变脉络。通过研究得出以下结论:

一、中国传统人生价值观理论形态多样化特征明显

先秦时期,既有儒家以道德理性满足为人生目标的道义论人生价值观,又有墨家以共乐利他为人生目标的功利主义人生价值观,还有法家的以建功立业为人生目标的功利主义人生价值观,更有道家的以无为自由为人生目标的自然主义人生价值观。伴随社会的发展这几种主流人生价值观也有了明显的变化。道义论人生价值观逐渐由先秦儒家的带有理想主义色彩的道义论人生价值观被宋明理学家片面深化为极端的道义论人生价值观,其价值取向走向了纯粹的道德理性的单维。功利主义人生价值观也呈现出利他主义和利己主义甚至是个人享乐主义并存的理论态势。自然主义人生价值观也从单纯的道家呈现出了儒道互融的特点。明末清初早期启蒙思想家在批判宋明理学家的极端道义论人生价值观的基础上,重构了理欲、义利、公私利关系形成了

多维度均衡的人生价值观。中国近代伴随东学西渐,中国传统文化与西方文化碰撞下,出现了更多的人生价值观理论样态。在中国文化发展史上人的觉醒整体上看有两个大的历史时期,一个是先秦到魏晋时期,百家争鸣直至魏晋风度。在这个时期中国传统人生价值观逐渐被儒家的道义人生价值观所主导。另一个时期就是明末清初到五四时期,早期启蒙思想到新文化运动。由于第一次人的觉醒处于封建社会发展的初期,被日渐强大的封建制度所扼杀。而第二次人的觉醒处于封建社会发展的末期,这为新文化运动奠定了基础,也为人生的价值和人的解放提供了更多思考和探索的空间。

二、中国传统人生观伴随社会历史的发展呈现出规律性的嬗变样态

伴随社会变革与发展,人生价值观的嬗变有自己的特定规律性:最初,社会转型、利益格局调整使社会中人生价值观念出现紊乱,并呈现出多元观念并存、人们茫然困惑的特征;随后,新旧人生价值观念发生冲突、碰撞,旧观念的缺陷、新观念的生命力都日趋明朗化;最终,经实践的检验和理性的把握,人们确立了科学新型的人生价值观,从而完成了人生价值观的周期交替。从先秦儒家的"重义轻利"到汉儒董仲舒的"不谋利"是对人欲的否定,对道德理性价值的肯定;魏晋玄学家畅"情欲"之"自然"是对人欲的肯定,对道德理性价值的否定;宋明理学家的"去人欲,存天理"则是对人欲的再次否定,对道德理性价值的再次肯定;而早期启蒙思想家的多维度均衡人生价值观则是对人欲与道德理性价值

的辩证认识。在鸦片战争之前的整个中国封建历史时段中,人生价值观的重心从注重理性价值到注重感性价值,再到注重理性价值,最后到注重多维度的均衡价值,人生价值取向刚好历经了一次否定之否定的理论嬗变。

三、中国传统人生价值观对社会主义核心价值观有重要的支撑和涵养作用

习近平在中央政治局集体学习时的讲话指出,要"深入挖掘和阐发中华优秀传统文化讲仁爱、重民本、守诚信、崇正义、尚和合、求大同的时代价值,使中华优秀传统文化成为涵养社会主义核心价值观的重要源泉"①。"离开中国传统价值观这个价值'根基'和价值'涵养'(滋润、养育)功能,社会主义核心价值观既不可能提出,也不可能继续培育和践行。"②中国传统人生价值观样态丰富,尤其是主流学派的人生价值观充满了精华,我们可以通过科学的萃取为社会主义核心价值观提供理论的支撑。从中国传统的自然主义人生价值观中我们可以梳理出对"和谐""自由""平等""公正"等社会主义核心价值观范畴具有支撑和涵养作用的思想渊源;从中国传统的道义论人生价值观中我们可以萃取出"富强""文明""和谐""平等""公正""爱国""敬业""诚信""友善"等几乎所有的社会主义核心价值观范畴具有支撑和涵养作用

① 《习近平在中共中央政治局第十三次集体学习时的讲话》,《人民日报》2014年2月26日。
② 陈秉公:《传统价值观涵养社会主义核心价值观若干理论研究》,《理论探讨》2016年第4期。

的思想渊源;从中国传统的功利主义人生价值观中我们可以梳理出对"富强""民主""自由""平等""公正""法治""爱国""敬业"等社会主义核心价值观范畴具有支撑和涵养作用的思想渊源。

参 考 文 献

（一）著作类：

［1］马克思,恩格斯.马克思恩格斯全集［M］.北京:人民出版社,2001.

［2］马克思,恩格斯.马克思恩格斯选集［M］.北京:人民出版社,1995.

［3］习近平总书记系列重要讲话读本［M］.北京:学习出版社,人民出版社,2016.

［4］汉书［M］.北京:中华书局,2000.

［5］史记［M］.北京:中华书局,2006.

［6］春秋繁露［M］.北京:中华书局,1975.

［7］论衡［M］.上海:上海人民出版社,1976.

［8］嵇中散集［M］.上海:商务印书馆,1937.

［9］阮籍集校注［M］.北京:中华书局,1987.

［10］晋书［M］.北京:中华书局,2000.

［11］春秋左传注［M］.北京:中华书局,1990.

［12］抱朴子内外篇［M］.上海:商务印书馆,1937.

[13] 杂阿含经[M].北京:宗教文化出版社,1996.

[14] 大般涅槃经[M].北京:宗教文化出版,2001.

[15] 周敦颐集[M].长沙:岳麓书社出版,2002.

[16] 张载集[M].北京:中华书局,1976.

[17] 二程集[M].北京:中华书局,1981.

[18] 朱子语类[M].北京:中华书局,1986.

[19] 四书集注[M].北京:中华书局,1983.

[20] 陆九渊集[M].北京:中华书局,1980.

[21] 北溪字义[M].北京:中华书局,1983.

[22] 王阳明全集[M].上海:上海大东书店,1936.

[23] 新五代史[M].北京:中华书局,1974.

[24] 呻吟语[M].北京:宗教文化出版社,2002.

[25] 焚书[M].北京:中华书局,1975.

[26] 续焚书[M].北京:中华书局,1975.

[27] 藏书[M].北京:中华书局,1959.

[28] 潜书[M].北京:中华书局,1955.

[29] 陈确集[M].北京:中华书局,1979.

[30] 刘子全书[M].台北:华文书局,1968.

[31] 吴廷翰集[M].北京:中华书局,1984.

[32] 宋元学案.[M].北京:世界书局,1936.

[33] 明儒学案[M].北京:中华书局,1985.

[34] 读四书大全说[M].北京:中华书局,1975.

[35] 王船山全集[M].长沙:岳麓书社,1986~1992.

[36] 颜元集[M].北京:中华书局,1987.

［37］孟子字义疏证［M］.北京:中华书局,1982.

［38］戴东原集［M］.上海:商务印书馆,1929.

［39］日知录［M］.上海:商务印书馆,1929.

［40］顾亭林诗文集［M］.北京:中华书局,1959.

［41］严复译,斯宾塞著.群学肄言［M］.北京:商务印书馆,1981.

［42］严复译,亚当·斯密著.原富［M］.北京:商务印书馆,1981.

［43］严复译,甄克思著.社会通诠［M］.北京:商务印书馆,1981.

［44］严复译,斯宾塞著.群学肄言［M］.上海:商务印书馆,1930.

［45］康有为.大同书［M］.上海:古籍出版社,1956.

［46］康有为.伪经考［M］.上海:商务印书馆,1936.

［47］康有为.康有为全集.［M］.上海:上海古籍出版社,1987.

［48］康有为.康有为政论集［M］.北京:中华书局,1981.

［49］康有为.欧洲十一国游记［M］.长沙:湖南人民出版社,1980.

［50］梁启超.中国近三百年学术史［M］.太原:山西古籍出版社,2001.

［51］梁启超.康有为传［M］.北京:团结出版社,2004.

［52］梁启超.饮冰室合集.［M］.北京:中华书局,1989.

［53］谭嗣同.谭嗣同全集.北京:中华书局,1981:348.

[54] 章太炎.章太炎全集[M].上海:上海人民出版社,1985.

[55] 孙中山.孙中山全集,第6卷[M].北京:中华书局,1981.

[56] 孙中山.孙中山选集[M].北京:人民出版社,1981.

[57] 梁漱溟全集[M].济南:山东人民出版社,1989—1993.

[58] 梁漱溟.中国文化要义[M].上海:学林出版社,1987.

[59] 冯友兰.中国哲学史新编第五册[M].北京:人民出版社,1988.

[60] 冯友兰.贞元六书[M].上海:华东师范大学出版社,1996.

[61] 杜亚泉.精神救国论(续二),杜亚泉文选[M].上海:华东师范大学出版社,1993.

[62] 林语堂.圣哲的智慧,卷一[M]西安:陕西师范大学出版社,2003.

[63] 蔡元培.中国伦理学史[M].北京:商务印书馆,1910.

[64] 蔡元培.中国伦理思想史[M].北京:商务印书馆,2004.

[65] 张岱年.中国哲学大纲[M].北京:中国社会科学出版社,1985.

[66] 张岱年.中国伦理思想研究[M].上海:上海人民出版社,1989.

[67] 张岱年,方克立.中国文化概论[M].北京:北京师范大学出版社,1994.

［68］张岱年.玄儒评林［M］.长沙:湖南人民出版社,1985.

［69］罗国杰.中国传统道德［M］.北京:中国人民大学出版社,1995.

［70］罗国杰.西方伦理思想史［M］.北京:中国人民大学出版社,1985.

［71］陈瑛.中国伦理思想史［M］.贵阳:贵州人民出版社,1985.

［72］陈瑛.人生幸福论［M］.北京:中国青年出版社,1996.

［73］张锡勤.中国近现代伦理思想史［M］.哈尔滨:黑龙江人民出版社,1984.

［74］张锡勤.中国近代思想文化史稿［M］.哈尔滨:黑龙江教育出版社,2004.

［75］张锡勤.中国传统道德举要［M］.哈尔滨:黑龙江教育出版社,1996.

［76］唐凯麟.成人与成圣——儒家道德伦理精粹［M］.长沙:湖南大学出版社,1999.

［77］唐凯麟.西方伦理学名著提要［M］.南昌:江西人民出版社,2000

［78］唐凯麟.走向近代的先声［M］.长沙:湖南教育出版社,1993:82.

［79］冯契.中国古代哲学的逻辑发展［M］上海:华东师范大学出版社,1996.

［80］朱贻庭.中国传统伦理思想史［M］.上海:华东师范大学出版社,1994.

［81］樊浩.中国伦理精神的历史构建［M］.南京:江苏人民出版社,1992.

［82］樊浩.伦理精神的价值生态［M］.北京:中国社会科学出版社,2001.

［83］宋志明.现代中国哲学思潮［M］.北京:中国人民大学出版社,1992.

［84］陈谷嘉.儒家伦理哲学［M］.北京:人民出版社,1996.

［85］柴文华.现代新儒家文化观研究［M］.北京:三联书店,2004.

［86］柴文华.中国人伦学说研究［M］.上海:上海古籍出版社,2004.

［87］柴文华.中国哲学的现代化研究［M］.哈尔滨:黑龙江教育出版社,2002.

［88］柴文华.中国非儒伦理文化［M］.哈尔滨:黑龙江科学技术出版社,2002.

［89］李书有.中国儒家伦理思想发展史［M］.南京:江苏古籍出版社,1992.

［90］王泽应.自然与道德——道家道德伦理精粹［M］.长沙:湖南大学出版社,1999.

［91］张怀承.无我与涅槃——佛家道德伦理精粹［M］.长沙:湖南大学出版社,1999.

［92］张立文.中国哲学范畴发展史［M］.北京:中国人民大学出版社,1988.

［93］高兆明.存在与自由:伦理学引论［M］.南京:南京师范

大学出版社,2004

[94] 万俊人.现代西方伦理学史[M].北京:北京大学出版社,1990.

[95] 万俊人.现代性的伦理话语[M].哈尔滨:黑龙江人民出版社,2002.

[96] 万俊人.寻求普世伦理[M].北京:商务印书馆,2001.

[97] 衣俊卿.文化哲学[M].昆明:云南人民出版社,2005.

[98] 衣俊卿.回归生活世界的文化哲学[M].哈尔滨:黑龙江人民出版社,2000.

[99] 高国希.道德哲学[M].上海:复旦大学出版社,2005.

[100] 赵汀阳.论可能生活[M].北京:三联书店,1994.

[101] 马惠娣.休闲:人类美丽的精神家园[M].北京:中国经济出版社,2004.

[102] 杨国荣.伦理与存在——道德哲学研究[M].上海:上海人民出版社,2002.

[103] 王德有.中国传统人生纵横谈[M].济南:齐鲁书社,1992.

[104] 高恒天.道德与人的幸福[M].北京:社会科学出版社,2004.

[105] 陈根法、吴仁杰.幸福论[M].上海:上海人民出版社,2004.

[106] 包利民.生命与逻格斯——希腊伦理思想史论[M].北京:东方出版社,1996.

[107] 朱汉民.圣王理想的幻灭[M]长春:吉林教育出版

社,1990.

[108] 李泽厚.中国古代思想史论[M].天津:天津社会科学院出版社,2003.

[109] 金春峰.汉代思想史[M].北京:中国社会科学出版社,1997.

[110] 宗白华.美学散步[M].上海:上海人民出版社,1981.

[111] 汤用彤.理学·佛学·玄学[M].北京:北京大学出版社,1991.

[112] 任继愈.中国哲学发展史(魏晋南北朝)[M].北京:人民出版社,1985.

[113] 王建光.如是我乐:佛教幸福观[M].北京:宗教文化出版社,2006.

[114] 欧阳竟无.欧阳竟无集[M].北京:中国社会科学出版社 1995.

[115] 蒙培元.情感与理性[M].北京:中国社会科学出版社,2002.

[116] 蒙培元.理学的演变[M].福州:福建人民出版社,1983.

[117] 许先春.惩罚中的觉醒:可持续发展之路[M].呼和浩特:内蒙古人民出版社,2001.

[118] 袁洪亮.中国近代人学思想史[M].北京:人民出版社,2006.

[119] 汤志钧.章太炎年谱长编[M]北京:中华书局,1979.

[120] 罗志田.再造文明之梦——胡适传[M].成都:四川人

民出版社,1995.

[121] 曾永成.文艺的绿色之思[M].北京:人民文学出版社,2000.

[122] 萧公权.康有为思想研究[M].北京:新星出版社,2005.

[123] 杜维明.道学政——论儒家知识分子[M].上海:上海人民出版社,2000.

[124] 杜维明:一阳来复[M].上海:上海文艺出版社,1998.

[125] 杜维明.人性与自我修养[M].台北:和平出版社,1998.

[126] 周辅成.西方伦理学名著选辑,下卷[M].北京:商务印书馆1987.

[127] 古希腊罗马哲学[M].北京:商务印书馆,1982.

[128] 亚里士多德.尼各马科伦理学[M].北京:中国社会科学出版社,1990.

[129] 卢梭.爱弥儿[M].北京:商务印书馆,1978.

[130] 卢梭.论人类不平等的起源和基础[M].上海:三联出版社,1979.

[131] 弗吉利亚斯·弗姆.道德百科全书[M].长沙:湖南人民出版社,1988.

[132] 亚当·斯密.道德情操论[M].北京:商务印书馆,1998.

[133] 斯宾诺莎:伦理学[M].北京:商务印书馆,1983.

[134] 莱布尼茨.人类理智新论[M].北京:商务印书

馆,1982.

[135] 赫胥黎.进化论与伦理学[M].北京:科学出版社,1973.

[136] 马斯洛.动机与人格[M].北京:华夏出版社,1979.

[137] 叔本华.作为意志和表象的世界[M].北京:商务印书馆,2004.

[138] 康德.实践理性批判[M].北京:商务印书馆,1999.

[139] 康德.纯粹理性批判[M].北京:商务印书馆,1960.

[140] 穆勒.功用主义[M].北京:商务印书馆,1957.

[141] 边沁.政府片论[M].北京:商务印书馆,1995.

[142] 弗洛姆.健全的社会[M].贵州:贵州人民出版社,1994.

[143] 赫胥黎.进化论与伦理学[M].北京:科学出版社,1973.

[144] 罗素.罗素文集[M].呼和浩特:内蒙古出版社,1997.

[145] 罗素.幸福之路[M].北京:文化艺术出版社,2005.

[146] 雅斯贝斯.历史的起源与目标[M].北京:华夏出版社,1989.

[147] 希尔斯.论传统[M].上海:上海人民出版社,1991.

[148] 鲍吾刚.中国人的幸福观[M].南京:江苏人民出版社,2004.

[149] 丹尼尔·贝尔.资本主义文化矛盾[M].北京:三联书店,1989.

[150] 罗尔斯.正义论[M].北京:中国社会科学出版,1988.

[151] 诺齐克.无政府、国家与乌托邦[M].北京:中国社会科学出版社,1991.

[152] 查尔斯·泰勒.现代性之忧[M].北京:中央编译出版社,2001.

[153] 弗朗索瓦·利奥塔.后现代道德[M].北京:中央编译出版社,1995.

[154] 卡尔·雅斯贝斯.生存哲学[M].上海:上海译文出版社,2005.

[155] 理查·罗蒂.哲学和自然之境[M].北京:三联书店,1987.

[156] 阿尔贝特·史怀泽.敬畏生命[M].上海:上海社会科学出版社,1995:76.

[157] 罗尔斯顿.国外自然科学哲学问题[M].北京:中国社会科学出版社,1994.

[158] 奥塔·锡克.经济——政治——利益[M].北京:商务印书馆.1985.

[159] 李亦民.人生唯一之目的[N].青年第1卷第2号,1915(10).

[160] 陈独秀.新青年[N].新青年第2卷第1号,1916(9).

[161] 李大钊.现代青年活动的方向[N].晨报副刊,1919.

[162] 高一涵.乐利主义与人生[N].新青年第2卷第1号,1916(9).

[163] 陈圣任.青年与欲望[N].新青年第2卷第1号,1916(9).

[164] 马克威,斯士,佚名译:青年论[N].青年第1卷第1号,1915(9).

[165] 李大钊.青春,新青年[N].第2卷第1号,1916(9).

[166] 高一涵.共和国家与青年之自觉[N].青年第1卷第1号,1915(9).

[167] 易白沙.述墨[N].新青年,第1卷第2号,1915(10).

[168] 韩震.社会主义核心价值观凝练研究[M].北京:北京师范大学出版社,2012.

[169] 江畅.社会主义核心价值理念研究[M].北京:北京师范大学出版社,2012.

[170] 周溯源.社会主义核心价值观概述语征文选集[C].北京:中国社会科学出版社,2012.

[171] 吴潜涛等.当代中国革命道德状况调查[M].北京:人民出版社,2010.

[172] 韩震.社会主义核心价值观五讲[M].北京:人民出版社,2012.

[173] 田海舰.社会主义核心价值体系培育纲要[M].北京:人民出版社,2012.

[174] 朱颖原.社会主义核心价值观多维研究[M].北京:人民出版社,2013.

[175] 廖申白,孙春晨.伦理学新视点——转型时期的社会伦理与道德[M].北京:中国社会科学出版社,1997.

[176] 程伟礼,杨晓伟.中国特色社会主义核心价值观的历史形成[M].上海:复旦大学出版社,2012.

[177]本书编写组.培育和践行社会主义核心价值观[M].北京:人民出版社,2014.

[178]冯颜利,廖小明.问题·旨趣·路径——社会主义核心价值观新探究[M].北京:人民出版社,2014.

[179]谢晓娟.社会主义核心价值观研究[M].北京:中国社会科学出版社,2012.

[180]本书编写组.社会主义核心价值观学习读本[M].北京:新华出版社,2013.

(二)论文类:

[1]刘云山.着力培育和践行社会主义核心价值观[J].求是,2014(2).

[2]欧阳军喜.中国传统文化与社会主义核心价值观的培育[J].山东社会科学,2014(3).

[3]韩震."民主、公正、和谐"体现了社会主义的核心价值追求[J].红旗文稿,2012(6).

[4]陈秉公.传统价值观涵养社会主义核心价值观若干理论研究[J].理论探讨,2016(4).

[5]陈来.中华传统价值观的四个特色[J].理论导报,2016(1).

[6]李建国.用社会主义先进文化引领当代中国大众文化[J].南京政治学院报,2013(1).

[7]程浩.论中国特色社会主义核心价值观的培育与践行[J].广东社会科学,2013(2).

[8]温小勇.社会主义核心价值观与传统价值观的伦理互通与哲学契合[J].理论月刊,2013(7).

[9]徐红林.社会主义核心价值体系和中国传统文化的关系探析[J].前沿,2013(2).

[10]朱颖原.论中国传统价值观的当代意义[J].山东社会科学,2012(11).

(三)外文著作

[1] Joseph Raz. The Authority of Law: Essays on Law and Morality[M]. Clarendon Press,1979.

[2] B. John Thompson. Studies in Theory of Ideology [M]. Cambridge Polity Press,1984.

[3] J. Laird. The Idea of Value[M]. Cambridge University Press,2012.